网页设计与开发殿堂之路*

Home   About   Services   Team   Blog   Contact

（第2版）

# Photoshop CC
# 网页配色设计全程揭秘

韦鸾鸾 编著

U0247523

清华大学出版社
北京

## 内 容 简 介

　　本书是一本关于网页配色设计的经典之作，以Photoshop CC为设计工具，对网页设计的配色技巧和原理进行了全面、细致的剖析。

　　本书首先从理论方面介绍了网页配色的一些基础知识，包括色彩基础知识、网页配色要求和规范、网页配色的基本方法、网页配色的选择标准、网页配色的色彩情感等内容，然后着重选择了7种常用的色系，分别对它们的色彩意象进行详细分析，配合配色案例的讲解，使读者在掌握软件功能的同时迅速提高网页配色效率，极大地提高从业素质。

　　本书结构清晰，案例经典，技术实用，适合网页配色设计初、中级读者，包括广大网页设计爱好者、网页设计工作者，也可以作为高等院校网页配色设计课程的教材。

**图书在版编目(CIP)数据**

Photoshop CC网页配色设计全程揭秘 / 韦鸾鸾　编著. —2版. —北京：清华大学出版社，2019
（网页设计与开发殿堂之路）
ISBN 978-7-302-53212-5

Ⅰ. ①P… 　Ⅱ. ①韦… 　Ⅲ. ①图像处理软件 　Ⅳ. ①TP391.41

中国版本图书馆CIP数据核字(2019)第129411号

责任编辑：李　磊　焦昭君
封面设计：王　晨
版式设计：孔祥峰
责任校对：牛艳敏
责任印制：李红英

出版发行：清华大学出版社
　　　　　网　　　址：http://www.tup.com.cn，http://www.wqbook.com
　　　　　地　　　址：北京清华大学学研大厦A座　　　　邮　　编：100084
　　　　　社 总 机：010-62770175　　　　　　　　　　邮　　购：010-62786544
　　　　　投稿与读者服务：010-62776969，c-service@tup.tsinghua.edu.cn
　　　　　质 量 反 馈：010-62772015，zhiliang@tup.tsinghua.edu.cn
印 装 者：三河市铭诚印务有限公司
经　　销：全国新华书店
开　　本：185mm×260mm　　　印　　张：16　　　字　　数：462千字
版　　次：2014年10月第1版　2019年11月第2版　　印　　次：2019年11月第1次印刷
定　　价：79.80元

产品编号：077861-01

在高速发展的数字化信息时代，浏览网站逐渐成为人们获取信息的最重要方式，影响着人们工作和生活的方方面面。各公司、团体、机构越来越多地使用网站进行品牌建设、信息发布和商业活动的宣传及推广，因此网页设计在人们工作和生活中占据着越来越重要的地位。

随着人们品位的不断提升，是否能够吸引人们的目光，引起人们的注意成为网页设计的关键，因此如何进行网页配色，使用丰富、绚丽和别具一格的色彩吸引浏览者的眼球，留住人们的视线成为广大网页设计人员需要重视的内容，如何通过网页配色，构建出符合受众心理预期的网页设计作品成为网页设计的一门必修课，这门课程值得广大网页设计师们投入巨大的精力来进行学习和研究。

本书从基本的色彩产生、色彩构成等内容开始由浅入深、循序渐进地讲解网页配色，全面细致地讲解了网页设计配色的相关知识和技巧，通过大量漂亮的国内外网页作品进行具体颜色的分析，并通过各行各业的网页案例深化配色原理，对于网页设计初学者来讲，是一本难得的实用型自学教程。全书共分17章，每章内容介绍如下。

第1章：主要讲解色彩和网页配色的基础知识，包括色彩知识入门、色彩的传达意义、颜色模式和网页安全色、常用色彩的名称和分类、色彩的属性、单色印象空间、配色印象空间等内容。

第2章：主要讲解网页配色的要求和规范，包括色彩的对比、大小、位置、搭配原则等常用规范，色彩的主次、重点、层次等色彩比例的运用标准和要求。

第3章：主要讲解网页配色的基本方法，包括网页配色的整体结构、网页文字颜色、网页中图片的使用、网页中线条与图形的使用和网页元素的色彩搭配等内容。

第4章：主要讲解网页配色的选择标准，包括根据行业、浏览者偏好、季节、商品销售阶段等选择网页的颜色。

第5章：主要讲解如何运用色彩情感进行网页配色，包括网页配色的冷暖、轻与重的色彩感觉、明度与纯度的质感、波长和成像的进退感、膨胀与收缩的视觉感应、色彩的华丽感与朴实感、色彩的宁静感与兴奋感，以及色彩的活力感与庄重感。

第6章：主要讲解网页配色中色彩对比的应用，包括冷暖对比的配色、色彩在页面中的面积对比、色相和色调对比、同时对比以及连续对比等在网页配色中的运用和影响。

第7章：主要对红色系进行详细的介绍，包括正红、深红色、朱红色、玫瑰红、紫红色和宝石红6种颜色，讲解了红色系在网页配色中的运用和色彩效果。

第8章：主要对橙色系进行详细的介绍，包括正橙色、太阳橙、杏黄色、浅土色、咖啡色和棕色6种颜色，讲解了橙色系在网页配色中的运用和色彩效果。

第9章：主要对黄色系进行详细的介绍，包括鲜黄色、含羞草色、铬黄色、香槟黄和淡黄色5种颜色，讲解了黄色系在网页配色中的运用和色彩效果。

第10章：主要对绿色系进行详细的介绍，包括苹果绿、翡翠绿、黄绿色、浓绿色、浅绿色和孔雀绿6种颜色，讲解了绿色系在网页配色中的运用和色彩效果。

第11章：主要对蓝色系进行详细的介绍，包括天蓝色、水蓝色、深蓝色、浅蓝色、蔚蓝色和深青色6种颜色，讲解了蓝色系在网页配色中的运用和色彩效果。

第 12 章：主要对紫色系进行详细的介绍，包括丁香紫、正紫色、深紫色、菖蒲色和浅莲灰 5 种颜色，讲解了紫色系在网页配色中的运用和色彩效果。

第 13 章：主要对无彩色系进行详细的介绍，包括白色、蓝灰色、中灰色、浅灰色和黑色 5 种颜色，讲解了无彩色系在网页配色中的运用和色彩效果。

第 14 章：主要讲解不同色调的网页配色，包括网页配色的色调特点、个性鲜明的色调、清静高雅的色调、朴实深厚的中庸色调和稳重深沉的色调等相关色调的构建和技能。

第 15 章：主要讲解如何构造网页配色的视觉印象，包括女性化的网页配色印象、男性化的网页配色印象、稳定安静的网页配色印象、兴奋激昂的网页配色印象、轻快律动的网页配色印象、清爽自然的网页配色印象、浪漫甜美的网页配色印象、传统稳重的网页配色印象、雍容华贵的网页配色印象和艳丽的网页配色印象。

第 16 章：主要讲解网页配色的调整方法，包括突出主题的配色技巧和整体融合的配色技巧。

第 17 章：主要对 3 款便捷、高效的配色软件——ColorKey Xp、Adobe Color Themes 和 ColorSchemer Studio 的获取、安装、使用和配色方法进行讲解，并对各种配色关系进行了讲解和分析，非常直观地展示了各种配色方案带来的视觉感受。用户可以通过这 3 款软件搭配出符合期待的网页配色，并创建自己的配色方案，通过使用软件经验数据科学有效地进行网页配色，以提高工作效率。

本书由韦鸾鸾编著，另外，张晓景、李晓斌、高鹏、胡敏敏、张国勇、贾勇、林秋、胡卫东、姜玉声、周晓丽、郭慧等人也参与了部分编写工作。本书在写作过程中力求严谨，由于作者水平所限，书中难免有疏漏和不足之处，希望广大读者批评、指正，欢迎与我们沟通和交流。QQ 群名称：网页设计与开发交流群；QQ 群号：705894157。

为了方便读者学习，本书为每个案例提供了教学视频，只要扫描一下书中案例名称旁边的二维码，即可直接打开视频进行观看，或者推送到自己的邮箱中下载后进行观看。本书配套的附赠资源中提供了书中所有案例的教学视频和 PPT 课件，并附赠海量实用资源。读者在学习时可扫描下面的二维码，然后将内容推送到自己的邮箱中，即可下载获取相应的资源（注意：请将这两个二维码下的压缩文件全部下载完毕后，再进行解压，即可得到完整的文件内容）。

编　者

Search

# 目录 ▼

# 第 6 章　网页配色中的色彩对比 🔍

# 第 7 章　红色系的应用 🔍

# 第 8 章　橙色系的应用 🔍

# 第 9 章　黄色系的应用 🔍

# 第 15 章　构造网页配色的视觉印象 🔍

# 第 16 章　网页配色的调整方法 🔍

# 第 17 章　使用配色软件 🔍

# 第 1 章 色彩基础知识

如果世界上没有光，那么人类所看到的一切都是黑色的。正是因为有了光，人类所感知的色彩才会出现。自然界中的色彩数以万计，色彩赋予我们更加绚丽多彩的视觉感受和丰富的情感，那么色彩究竟是如何产生的？网页设计又应该如何合理配色呢？本章将开始学习这些知识。

## 1.1 色彩知识入门

白色的太阳光中可以分解出所有颜色的可见光，每种颜色都有着不同的色彩意象，如图 1-1 和图 1-2 所示为呈现不同颜色的画面。在人类赖以生存的地球上，色彩随时随地都在刺激着人们的视觉神经，由此对人们的情绪变化产生影响。

图 1-1

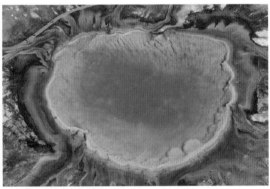

图 1-2

### 1.1.1 色彩的产生

17 世纪末期，英国科学家牛顿进行了著名的色散实验，他发现白色的太阳光经过三棱镜的折射后，会显现一条美丽的彩虹，颜色依次为红、橙、黄、绿、青、蓝和紫 7 种颜色，如图 1-3 所示。

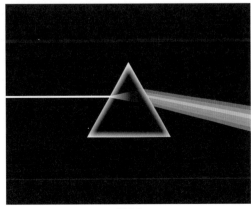

图 1-3

色彩是光照射在物体上而反射到人眼的一种视觉效应。日常所见到的白光，实际上是由红、绿、蓝三种波长的光组成，物体经光源照射，吸收和反射不同波长的红、绿、蓝光，经由人的眼睛，传达到大脑形成了我们所看到的各种颜色，也就是说，物体的颜色就是它们反射的光的颜色，如图 1-4 所示。

图 1-4

> **提示**
>
> 色彩作为视觉信息，无时无刻不在影响着人类的正常生活。美妙的自然色彩，刺激着人们的视觉，感染着人们的内心情感，提供给人们丰富的感受空间。

从人类的视觉经验得知，既然光是色彩存在的必备条件，那么就应当了解色彩产生的实际理论过程：光源（直射光）——物体（反射光、投射光）——眼（视神经）——大脑（视觉中枢）——产生色感反应（知觉）。

### 1.1.2 光源色与物体色

凡是自身能够发光的物体都被称为光源。光源可以分为两种，一种是自然光，如太阳光；另一种是人造光，如灯光、烛光等。物体色与照射物体的光源的颜色和物体的物理特性有关。光源色和物体色有着必然的联系。

不同的光源发出的光，由于光波的长短、强弱、光源性质的不同，而形成了不同的色光，被称为光源色。同一物体在不同的光源下会呈现不同的色彩，例如一面白色的背景墙，在红光的照射下，会呈现红色；在绿光的照射下，会呈现绿色，如图 1-5 所示。

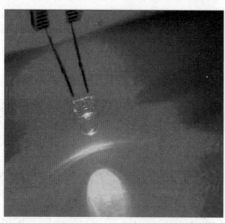

图 1-5

物体色是指物体本身不发光，而是通过物体吸收反射经过的光源色后反映到人的视觉中心的光色感觉。如建筑物的颜色、动植物的颜色等。

物体可以分为不透明体和透明体两类，不透明体所呈现的色彩是由它反射的色光决定的，而透明体所呈现的色彩是由它所能透过的色光决定的，如图 1-6 所示。

图 1-6

## 1.2　色彩的传达意义

在探究色彩的科学本质和使用技巧时，我们发现人的感官对于色彩的运用有着很重要的作用，不同的色彩往往能够引发强烈的心理共鸣，这就是色彩传达的意义。在选择一种颜色时，设计师需要考虑这种颜色是否能够引起恰当的反应。

**提示**

对色彩的意义有了最基本的了解后，就可以非常清楚地知道什么类型的网页更适合哪些颜色，例如，红色不适合科学严谨的网页，因为它很难使人平静下来；蓝色不适合食品类网页，因为它会抑制食欲。

### 1.2.1　色彩的生理反应

不同的色彩能够引起人不同的生理反应。例如，红色非常艳丽，会使人感到激动、活力十足，如图 1-7 所示；而相反的，蓝色则会让人感到沉静舒适，从而心态平和、放松，如图 1-8 所示。

红色是最能代表中国传统文化的颜色，在众多颜色中，红色是最鲜艳生动、最热烈的颜色，给人以激进的色彩印象，让人联想到火焰与激情。红色有促进食欲的特性，所以在食品广告中比较常见。

图 1-7

蓝色有着天空和海洋的广阔感，让人觉得无比舒适，同时还给人睿智、干练的感觉，大面积使用时，会给人沉稳、整洁的印象。蓝色是受众度最高的颜色，所以在商业中被广泛应用。

图 1-8

### 1.2.2 色彩的象征意义

人们每时每刻都在被不同颜色的物体所包围，群体生活习性使大部分人对一些常见事物的颜色形成了相同的心理感受，这就奠定了科学使用颜色的可行性。任何对颜色的心理联想都有正反两面，如表 1-1 所示是一些常见色彩的象征意义。

表 1-1

| 颜色 | 色彩象征 | 用途和意义 |
|---|---|---|
| 红色 | 热情、张扬、高调、艳丽；侵略、暴力、血腥 | 通常表示喜庆、警告或禁止的含义，例如可被应用在节日庆祝的网页上 |
| 黄色 | 温暖、亲切、光明；疾病、懦弱 | 特别适合用于食品或儿童类网页，或在其他类型网页上起到一定的警示作用 |
| 绿色 | 希望、生机、成长、环保；嫉妒 | 通常表示与财政有关的事物，常被应用在医疗和教育网页上 |
| 蓝色 | 沉静、科学、严谨；冰凉、保守、冷漠、忧郁 | 被大量应用于科技类网页，或用在表达情绪的艺术网页上 |
| 紫色 | 高贵、浪漫、华丽、忠诚、神秘、稀有；憋闷、恐怖、死亡 | 紫色常用来表达女性产品，而很多科幻片和灾难片都喜欢用蓝紫色来渲染恐怖的情景 |
| 白色 | 纯洁、天真、和平、洁净；冷淡、贫乏、空虚 | 白色有纯净、安静的含义，一方面又代表死亡 |
| 黑色 | 稳重、高端、精致、现代感；黑暗、死亡、邪恶 | 很多网页喜欢使用黑色表现企业的高端和产品的品质感，也会被应用到充满神秘感的网页中 |
| 灰色 | 柔和、中庸、调和；模糊、犹豫 | 这是一种稳重、高雅的色彩，合理运用会显得很有品位 |

# 1.3 颜色模式和网页安全色

颜色模式决定了色彩的分类和应用范围，例如 RGB 模式是由红、绿、蓝三种颜色组成，其主要作用是在计算机屏幕上显示各种各样的色彩。不同的平台 (Mac、Windows 等) 有不同的调色板，不同的浏览器也有自己的调色板。为了解决 Web 调色板的问题，人们一致通过了一组在所有浏览器中都类似的 Web 安全颜色。

### 1.3.1 色光三原色

显示器的所有颜色都是通过红色 (Red)、绿色 (Green) 和蓝色 (Blue) 三原色的混合来显示的，我们将显示器的这种颜色显示方式统称为 RGB 色系或 RGB 颜色空间。

显示器可以显示出多达 1600 万种的颜色 ( 当显示器支持 24 位真彩色以上时 )，而这些颜色都是通过三原色的叠加来实现的，所以这种颜色的混合原理被称为加法混合，如图 1-9 所示。

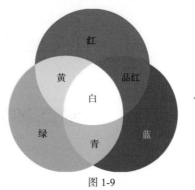

当三原色的能量都处于最大值 ( 纯色 ) 时，混合而成的颜色为纯白色。但通过适当调整三原色的能量值，能够得到其他色调 ( 亮度与对比度 ) 的颜色。

红色 + 绿色 = 黄色
绿色 + 蓝色 = 青色
蓝色 + 红色 = 品红
红色 + 绿色 + 蓝色 = 白色

图 1-9

### 1.3.2 印刷三原色

本书中所讲的色彩依据都是来自色光三原色，是我们能在屏幕上看到的颜色，而除此之外，还有一种印刷三原色，如图 1-10 所示。

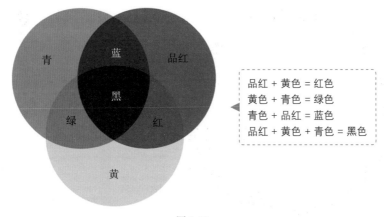

品红 + 黄色 = 红色
黄色 + 青色 = 绿色
青色 + 品红 = 蓝色
品红 + 黄色 + 青色 = 黑色

图 1-10

印刷三原色有时也被称为颜料三原色或美术三原色，印刷的颜色实际上都是看到的纸张反射的光线，例如我们在画画的时候调颜色，也要用这种组合。颜料是吸收光线，不是光线的叠加，因此颜料的三原色就是能够吸收 RGB 的颜色——青、品红、黄 (CMY)，它们就是 RGB 的补色。

### 1.3.3　美术三原色

传统美术色彩的三原色是红、黄、蓝，红、黄、蓝被人们加入了实际感觉，是感受上的三原色，而并不是科学上的三原色，也是多数人从小学绘画时老师教给我们的三原色。

### 1.3.4　加法混合和减法混合

颜色的混合将提高混合后颜色的亮度，称为加法混合。例如在混合红色 (Red) 和绿色 (Green) 时得到的黄色 (Yellow)，其亮度要比原色——红色 (Red) 和绿色 (Green) 的亮度高；在混合红色 (Red)、绿色 (Green) 和蓝色 (Blue) 三种颜色时，将得到最亮的颜色——白色 (White)。

颜色的混合将降低混合后颜色的亮度，称为减法混合。例如在混合品红 (Magenta) 和黄色 (Yellow) 时得到的红色 (Red)，其亮度要比原色——品红 (Magenta) 和黄色 (Yellow) 的亮度低；在混合品红 (Magenta)、黄色 (Yellow) 和青色 (Cyan) 时，将得到最暗的颜色——黑色 (Black)。

### 1.3.5　HSB 模式

HSB 模式中的 H、S、B 分别表示色相 (Hue)、纯度 (Saturation) 和明度 (Brightness)，这正是色彩的三属性，这是一种从视觉角度定义颜色的色彩模式。用户可以在 Photoshop 中使用 HSB 模式拾取颜色，但无法以 HSB 模式创建和编辑图像。

**色相 H：** 在 0°~360° 的标准色轮上，色相是按位置度量的，如红色的色相为 0°，绿色的色相为 120°，蓝色的色相为 240°，如图 1-11 所示。

**纯度 S：** 表示色相中彩色成分所占的比例，通常用 0( 灰色 )~100( 完全饱和 ) 的百分比来度量。

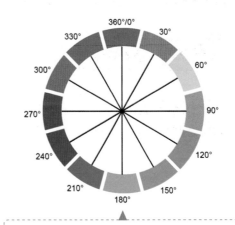

通过三原色叠加得到除白色以外的其他 6 种颜色，然后再取中间过渡色，可以得到 12 色的色环。

图 1-11

**明度 B：**是指颜色的明暗程度，通常用 0( 黑 )~100%( 白 ) 的百分比来度量，如图 1–12 所示。

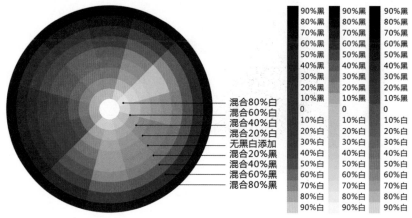

图 1-12

## 1.3.6 Hex 和网页安全色

网页中颜色的具体显示效果会根据用户屏幕的不同而略有差异，所以即使为自己的网页选用最完善的配色方案，也很难控制页面在每个浏览者屏幕上的具体显示效果。为了解决不同显示器的颜色显示效果不统一的问题，人们定义了一组在所有浏览器中都类似的 Web 安全颜色。

Web 安全色使用十六进制值 00、33、66、99、CC 和 FF 来表达三原色中的每一种。可能的输出结果包括 6 种红色调、6 种绿色调和 6 种蓝色调，6×6×6=216，这 216 种颜色就是网页安全色。这些颜色可以被放心地应用于网页，而不必担心颜色在显示器上的显示差异。读者可以通过互联网查看 Web 安全色的具体参数，如图 1–13 所示。

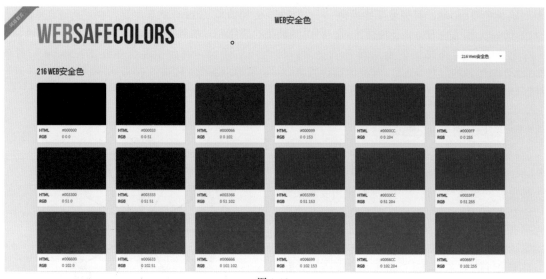

图 1-13

## 1.3.7 Lab 模式

Lab 模式是由国际照明委员会 (CIE) 于 1976 年公布的一种色彩模式，是 CIE 组织确定的一个理论上包括人眼可见的所有色彩的色彩模式，这种颜色混合后将产生具有明亮效果的色彩，Lab 模式的组成关系如图 1–14 所示。

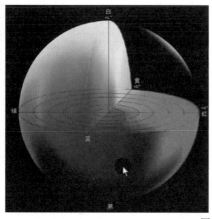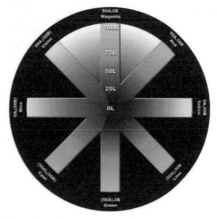

图 1-14

　　Lab 颜色模型由三个要素组成，一个要素是亮度 (L)，如图 1-15 所示。调整 L 的值，可以调整图像亮度的明暗。

图 1-15

　　a 和 b 是两个颜色通道。a 包括的颜色是从深绿色 ( 低亮度值 ) 到灰色 ( 中亮度值 ) 再到亮粉红色 ( 高亮度值 )，调整 a 的值得到的效果如图 1-16 所示。

图 1-16

　　b 是从亮蓝色 ( 低亮度值 ) 到灰色 ( 中亮度值 ) 再到黄色 ( 高亮度值 )，调整 b 的值得到的效果如图 1-17 所示。

图 1-17

# 1.4 常用色彩的名称和分类

## 1.4.1 三间色

　　三间色是三原色当中任何的两种原色以同等比例混合调和而形成的颜色，也叫第二次色，和三原色形成对比色、互补色。例如，品红色加黄色就是红色，品红色加青色就是蓝色，黄色加青色就是绿色，如图 1-18 所示。

　　值得注意的是，印刷三原色（青、品红、黄）的三间色正好是光的三原色（红、绿、蓝），而光的三原色的三间色正好是印刷三原色。美术三原色（红、黄、蓝）的三间色是橙、绿、紫。

蓝箭头所指的红色、绿色和蓝色为光的三原色，红箭头所指的品红、黄和青为印刷三原色。

图 1-18

## 1.4.2 复色

　　将两个间色（如橙与绿、绿与紫）或一个原色与相对应的间色（如红与绿、黄与紫）相混合得出的色彩。复色包含三原色的成分，成为色彩纯度较低的含灰色彩，称为复色，如图 1-19 所示。

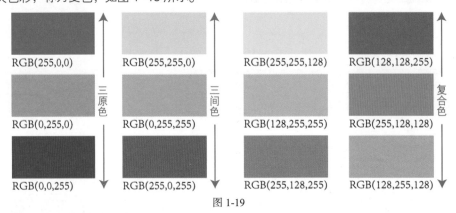

RGB(255,0,0)　　RGB(255,255,0)　　RGB(255,255,128)　　RGB(128,128,255)

三原色　　三间色　　复合色

RGB(0,255,0)　　RGB(0,255,255)　　RGB(128,255,255)　　RGB(255,128,128)

RGB(0,0,255)　　RGB(255,0,255)　　RGB(255,128,255)　　RGB(128,255,128)

图 1-19

## 1.4.3 对比色

　　色相环中与基础颜色相隔 120° 的任何三种颜色，都可以被叫作对比色，如图 1-20 所示。

色相环中箭头所指的三种颜色为对
比色，严格意义上在色相环上每种
颜色都至少有两种绝对的对比色，
而笼统地讲，对于每种颜色而言，
在色相环上相距120°到180°的颜
色都是对比的关系，对比色的视
觉刺激程度仅次于互补色，与互补
色相比稍显明快感。

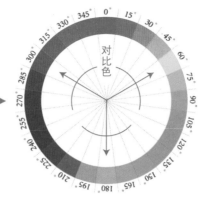

图 1-20

## 1.4.4 同类色（色系）

同一色相中不同倾向的系列颜色被称为同类色。如红色可分为玫瑰红、朱红、酒红、宝石红等，
都称为同类色，这些颜色也可以被统称为红色系，如图 1-21 所示。

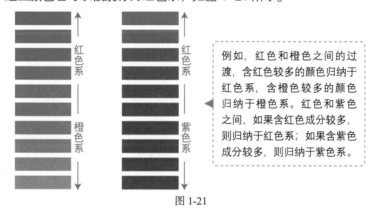

例如，红色和橙色之间的过
渡，含红色较多的颜色归纳于
红色系，含橙色较多的颜色
归纳于橙色系。红色和紫色
之间，如果含红色成分较多，
则归纳于红色系；如果含紫色
成分较多，则归纳于紫色系。

图 1-21

## 1.4.5 邻近色

邻近色之间往往是你中有我，我中有你。以朱红与紫藤色为例，朱红以红为主，里面带有
少量的紫色，而紫藤色以紫色为主，里面带有少许的红色。在 12 色相环中，凡是夹角在 60° 范围
之内的颜色属于邻近关系，可以称为邻近色，邻近色在色相对比上适中，不会令人感觉很强烈，如
图 1-22 所示。

以 12 色相环为例，
紫红色与橙色之间
的颜色为邻近色，
还有紫红色与红色，
红色与橙色。

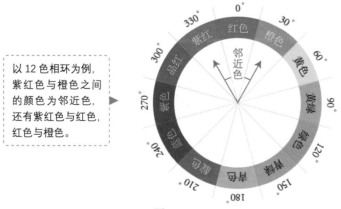

图 1-22

## 1.4.6 互补色

在光学中，当两种色光以适当的比例混合而能够产生白光时，则这两种颜色就互为补色。当互补色并列时，会引起强烈对比的色觉，会感到红的更红、绿的更绿。在色相环上可以轻松找到互补色，两者相距 180°，即在对面的位置，如图 1-23 所示。

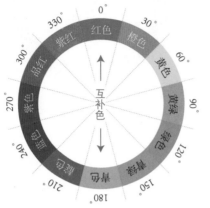

> 在色相环上，每种颜色对面的颜色即为互补色，互补色同时出现的时候，会给人以非常醒目、鲜明、刺激的视觉感受，个性最为张扬。

图 1-23

### ★ 配色案例 01：中西混合餐厅网页配色

高明度的橙色通常都会给人一种温暖、新鲜的感觉，而通过将黄色、浅蓝色等颜色作为点缀色，通常都能够得到非常好的效果。

橙色是可以通过变换色调营造出不同氛围的典型颜色，它既能够表现出青春的活力，也能够实现沉稳老练的效果。高明度的橙色经常用来表现青春、时尚风格或食品类网页；而中等色调的橙色常用来表现房地产行业或充满自然气息的一些网页。

| 案例背景 | 案例类型 | 餐厅美食网页设计 |
|---|---|---|
| | 群体定位 | 时尚人士、情侣、能接受较高消费的群体 |
| | 表现重点 | 橙色食物是国际公认的健康代表，给人以温暖的感觉，不仅看起来很醒目，更能增进食欲，还能调节人的情绪 |
| 配色要点 | 主要色相 | 橙色、黄色、浅蓝色 |
| | 色彩印象 | 温暖、醒目、增进食欲、调节情绪 |

| #f86618 | #cdeef9 | #000000 |
|---|---|---|
| | #f9d700 | #ffffff |
| 主色 | 辅色 | 文本色 |

### 设计分析

① 纯色背景中添加暗纹和渐变，增加了质感和层次感，提高了品质和档次。拟物化的图标显得更加活泼、生动且引人注意。

② 使用彩色水墨插画作为背景的一部分，增加了一些传统气息，很好地诠释了该产品所富含的特色，并添加了一些文化气息。

③ 使用高饱和度的橙色作为页面背景的主色，给人温暖、新鲜的感觉，促进食欲。搭配明亮的黄色作为点缀，为页面增添活力。使用淡蓝色作为点缀，略微降低暖色调的燥热，给人清新自然的感觉。

### 绘制步骤

| 第1步：确认网页主色，创建整体布局。 | 第2步：添加产品图片和主要文字内容。 |
| --- | --- |
| 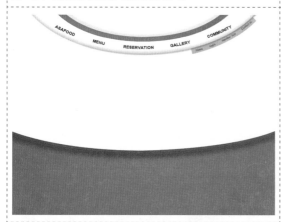 |  |
| 第3步：添加背景水墨插画作为衬托和点缀。 | 第4步：添加其他元素和文字信息等内容。 |
|  |  |

### 配色方案

| | 鲜嫩 | | | 沉稳 | |
| --- | --- | --- | --- | --- | --- |
| #e1e43f | #e5a76b | #c3d94e | #f18e1d | #e5a76b | #f0ebbb |
| | 明快 | | | 休闲 | |
| #ffcc99 | #7fbf42 | #ea5520 | #f9c270 | #f18d00 | #ec6d84 |

## 延伸方案

| √ 可延伸的配色方案 | × 不推荐的配色方案 |

配色评价：
① 绿色应用在食品类网页上给人以优质、安全和无污染的感觉。
② 搭配明亮的黄色作为点缀，增加了温暖的感觉和活跃的气氛。
③ 使用淡蓝色作为点缀，与绿色呼应，在页面中搭配白云，给人青春的活力感。

配色评价：
① 蓝色给人一种自然、清爽、清澈的印象，但是作为背景颜色与产品搭配并不协调，应用于食品行业中的热食或热饮，会过于压制热量，令人觉得没有食欲。
② 过亮的蓝色与白字的文字搭配在一起有一种模糊、混乱的感觉，不够清晰明了，整个页面生硬不自然。

## 相同色系应用于其他网页

应用于房地产网页：
① 高饱和度的橙色给人以阳光的印象，令人充满活力，使用高饱和度的红色作为点缀色，更显热情洋溢。
② 使用灰色和白色作为辅色，给人以空间感，且显得高档、大气。

应用于儿童类网页：
① 亮丽的太阳橙与正橙色相比更加明净单纯，给人以健康、活泼的印象。
② 使用白色作为辅色，能够制造出明快的气氛，给人以愉快的感觉，使用绿色和蓝绿色点缀，添加了健康和活跃感。

# 1.5 色彩的属性

要理解和运用色彩，必须掌握进行色彩归纳整理的原则和方法，其中最主要的是掌握色彩的属性。世界上的色彩千差万别，每一种色彩都会同时具备三个基本属性：色相、明度和纯度。它们在色彩学上称为色彩的三大要素或色彩的三属性。颜色可以分为无彩色和有彩色两大类。

## 1.5.1 色相

色相是指色彩的相貌，是区分色彩种类的名称。在可见光谱中，红、橙、黄、绿、蓝、紫每一种色相都有自己的波长与频率，它们从短到长按顺序排列，光谱中的色相发射出色彩的原始光，它们构成了色彩体系中的基本色相，如图 1-24 所示。

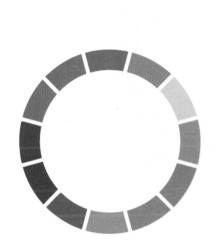

图 1-24

12 色相的色调变化，在光谱色感上是均匀的，如图 1-25 所示。如果进一步找出其中间色，便可以得到 24 色相，如图 1-26 所示。基本色相间取中间色，即得到 12 色相环，再进一步便可得到 24 色相环。在色相环的圆圈里，各色相按不同色度排列，12 色相环每一色相间距 30°，24 色相环每一色相间距为 15°。

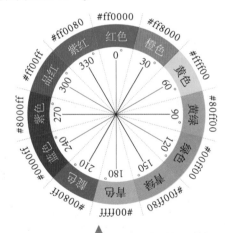

色相可以按照光谱的顺序划分为：红、橙、黄、黄绿、绿、青绿、青、靛、蓝、紫、品红、紫红 12 个基本色相。

图 1-25

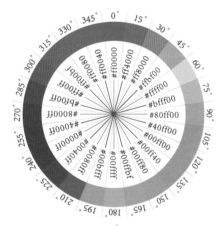

在可见光谱中，红、橙、黄、绿、青、蓝、紫构成了色彩体系中的基本色相，基本色相之间的过渡色再被衍生出来，构成了 12 色相环。12 色环取中间色，再进一步可以得到 24 相色环。

图 1-26

在色相环上相对的颜色搭配称为对比色配色，例如红色与绿色的对比；相互靠近的颜色搭配称为邻近色配色，例如红色与橙色的配色；相同色相不同纯度和明度的颜色搭配称为同色系配色，例如红色与粉红色或深红色的配色。

## 1.5.2 明度

明度是眼睛对光源和物体表面的明暗程度的感觉，主要是由光线强弱决定的一种视觉经验。色彩的明亮程度就是常说的明度。明亮的颜色明度高，暗淡的颜色明度低。明度最高的颜色是白色，明度最低的颜色是黑色，如图 1-27 所示。

同一个色相，因为光源的照射导致的明暗不同会有亮丽与暗沉的差别，越亮越接近白色，越暗越接近黑色。

图 1-27

同样的纯色根据色相的不同，明度也不尽相同。例如，黄色明度很高，接近白色；而紫色的明度很低，接近黑色。

> **提示**
>
> 明度不仅取决于物体的照明程度，而且取决于物体表面的反射系数。如果我们看到的光线来源于光源，那么明度取决于光源的强度。如果我们看到的是来源于物体表面反射的光线，那么明度取决于照明光源的强度和物体表面的反射系数。

在同一色相、同一纯度的颜色中，混入黑色越多，明度越低；相反，混入白色越多，明度越高。利用明度对比，可以充分表现色彩的层次感、立体感和空间关系，如图 1-28 和图 1-29 所示为同样色相的明暗不同的对比。据色彩专家研究的结果表明，色彩的明度对比的力量要比纯度对比大 3 倍。

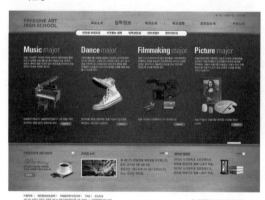

咖啡色与墨绿色搭配，同一色相，光线越强，白色越多，颜色感觉就越淡，大面积使用时，能够衬托搭配色的厚重感。

咖啡色与墨绿色搭配，同一色相，光线越暗，黑色越多，颜色感觉就越深，大面积使用时，能够使搭配色更加引人注目。

图 1-28                                   图 1-29

### 1.5.3 纯度（饱和度）

　　纯度也称为饱和度，是指色彩的鲜艳程度，表示色彩中所含色彩成分的比例。色彩成分的比例越大，则色彩的纯度越高；色彩成分的比例越小，则色彩的纯度越低。从科学的角度看，一种颜色的鲜艳度取决于这一色相发射光的单一程度。不同的色相不仅明度不同，纯度也不相同，如图 1-30 所示。

同为蓝色，因为纯度和明度的不同，形成不同的色相，不同的色彩成分和比例构成的图像，因为明暗的不同也可以成为漂亮的图像，令人感到舒适。

图 1-30

　　任何一种鲜明的颜色，只要它的纯度稍稍降低，就会引起色相性质的偏离，而改变原有的风格，例如黄色是视觉度最高的色彩，只要稍稍加入一点灰色，立即就会失去耀眼的光辉，如图 1-31 和图 1-32 所示。

越是纯度高的颜色，越会给人鲜明的感觉，视觉度就越高。

当为视觉度高的色彩加入灰色，降低颜色的纯度，颜色就会变淡，失去引人注目的特色。

图 1-31

图 1-32

### 1.5.4 色调

　　色调是指以一种主色和其他色的组合、搭配所形成的页面色彩关系，即色彩总的倾向性，是多样与统一的具体体现，通常可以从色相、明度、冷暖、纯度 4 个方面来定义一幅作品的色彩，一般在页面上所占面积最大的色相从视觉上便成了主要色调。

　　色调具有共性，有的是以明度的一致性组成明调或暗调，有的是以纯度的一致性组成鲜艳色调或含灰色调。如图 1-33 和图 1-34 所示为明调和暗调的网页页面。

白色和浅灰是整个网页的主调，整体给人以明净、大方的感觉，很好地诠释了明色调所给人的感受。

图 1-33

暗调搭配鲜艳的色彩，会给人以奢华、高雅的感觉，有时还会呈现出神秘感，能够吸引人的眼球。

图 1-34

## 1. 锐色调

锐色调不掺杂任何无彩色（白色、黑色和灰色），是最纯粹最鲜艳的色调，效果浓艳、强烈，常用于表现华美、艳丽、生动、活跃的效果，如图 1-35 所示。

## 2. 明色调

明色调是指表现思想感情所使用的明快的色彩。加入大量淡色，如白色或灰色，呈现明快的色彩，如图 1-36 所示。

该网页中的黄色、绿色和蓝色都是高纯度的色彩，同为蓝色系的蔚蓝色和宝石蓝起到调和的作用，使其与黄色和绿色的搭配既活跃、生动，又不会显得生硬、凌乱，给人以绚丽多姿的感觉。

图 1-35

该网页中以黑、白、灰作为页面的主要构成元素，是明色调的主要代表，明色调通常是表现思想感情所使用的明色，极具内涵，给人以明快、雅致的感受，当深灰和黑色占比较大时富有张力。

图 1-36

## 3. 浓色调

浓色调明度较低，色彩中虽略含黑色成分，但仍保持一定的浓艳度，俗称"深色调"，例如该网页中使用的咖啡色等，如图 1-37 所示。

## 4. 淡色调

以明度很高的淡雅色彩组成柔和、优雅的淡色调，含有较多白色，所以亮度很高，传达出柔和、舒适的效果，如图 1-38 所示。

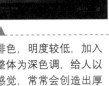

该网页的主色为深咖啡色，明度较低，加入了一些黑色的成分，整体为深色调，给人以踏实、稳重和沉着的感觉，常常会创造出厚重的古典氛围。

该网页中主要由白色和浅灰色构成了亮度很高的淡雅色彩，作为点缀色的品红色显得尤为突出，既传达出柔和、优雅的感觉，又带有一些时尚气息和浪漫的感觉。

图 1-37　　　　　　　　　　　图 1-38

### 5. 弱色调

弱色调指明度低于浅灰调且含灰色调，略带朴实而成熟的气质。大面积用弱色调，小面积用鲜艳色调作为点缀，可以发挥稳重的特点，而避免晦暗之感，如图 1-39 所示。

### 6. 暗色调

暗色调明度和纯度都比较低，色暗近黑，是男性化的色彩。例如，在这种色调中适当搭配一点深沉的浓艳色，可得到华贵的效果，如图 1-40 所示。

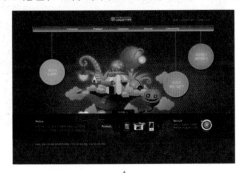

该网页中的紫色加入了大量的灰色和一些黑色，显得沉静而深远，而局部加入了白色的光晕，呈现出些许的亮紫色和小面积的蓝色、绿色以及粉色的点缀，避免了晦暗之感。

该网页主要使用深灰色和黑色作为背景，明度和纯度都比较低，施以白色和浅灰色的光晕感，搭配些许黄土色和使用橘色作为点缀，得到华贵的效果。

图 1-39　　　　　　　　　　　图 1-40

### 7. 淡弱色调

淡弱色调是在比较淡的颜色中加入明度较高的灰色形成的色调，也可称为浅灰色调，表现优美、素净的感觉，这类颜色很适合表现高品位、高趣味性，如图 1-41 所示。

### 8. 涩色调

涩色调是在纯色中加入黑色与素雅的灰色形成的色调，是中等明度、中等纯度的色彩组合，有沉着、深厚、稳重之感，如图 1-42 所示。

该网页中大面积使用明度较高的灰色作为主色，整体表现了素净的感觉。高纯度的红色和绿色的点缀增加了一些鲜活的成分，增加一些趣味性，整体给人高品位、高格调的感受。

图 1-41

该网页以天空蓝的明暗过渡、深灰色以及黑色作为主色和辅色，形成中等明度和纯度的色彩组合，体现出了沉着、深厚、稳重之感，并富有一些科技感。

图 1-42

### 1.5.5 色调上的高、中、低调

高、中、低调主要指色调中颜色的明度和亮度的对比。在对一幅画的色调进行构思设计时，同样是绿色调可以有高调和低调之分，同样是冷色调或暖色调也可以有高调和低调的区别。

高调画面的色彩亮度高，色彩之间的明度对比弱（明暗反差小），页面特点是清淡、高雅、明快。而低调画面在色彩上用色浓重、浑厚、亮度低，色彩的明暗对比强烈，页面特点深沉、富于变化。色彩明暗对比的不同能够创造出丰富的色调变化，如图 1-43 至图 1-45 所示。

高调是由白到浅灰的成分对图像造成的影响，当页面中的大部分加入了这些成分，即可认定其为高调。高调的页面给人以明朗、纯洁、轻快的感觉，但随着主题内容和环境的变化，也会产生惨淡、空虚、悲哀的感觉。

图 1-43

低调页面以深灰至黑的影调层次占了页面的绝大部分，少量的白色起着影调反差作用。低调作品形成凝重、庄严和刚毅的感觉，但在另一种环境下，它又会给人以黑暗、阴森、恐惧之感。

图 1-44

中间调处于高调和低调之间，反差小，层次丰富。中间调页面可分为两类，一类强调反差，页面上以黑白为主，去掉灰色的表现，给人以强烈的视觉印象；另一类对黑、白、灰各影调层次都能很好地反映，给人的印象是层次丰富，质感细腻。

图 1-45

### 1.5.6　无彩色和有彩色

　　色彩可分为无彩色和有彩色两大类。无彩色包括黑、白和灰色，有彩色包括红、黄、蓝等除黑、白和灰色以外的任何色彩。有彩色就是具备光谱上的某种或某些色相，统称为彩调。相反，无彩色就没有任何彩调。

　　使用有彩色搭配的网页，可以表现出不同的色彩印象和效果，如图 1-46 所示。无彩色不具备"色相"和"纯度"属性，所以很难判断它们到底属于冷色还是暖色，如图 1-47 所示。

由于色彩印象的特殊性，在与有彩色搭配使用时，它们可以很好地突出色彩效果，在该网页中通过搭配使用高亮度的彩色和白色、亮灰色，得到了明亮、轻快的效果。

图 1-46

该网页中全部使用黑白灰的无彩色构成，不掺杂任何其他色彩，充分突出主题，给人以怀旧的印象，整个页面呈现岁月感。

图 1-47

　　事实上，当无彩色与暖色搭配在一起时同样会显得温暖、柔和；当它们与冷色搭配在一起时，也会显得严谨、理智。因此人们将黑、白、灰归类为中性色，并使用它们来调和过于跳跃和对立的颜色，从而使配色更协调，如图 1-48 和图 1-49 所示。

该网页主要由黑白灰这几种无彩色构成，当搭配了一些红色后，整体迸发着热情、勇敢和前进感，同时又不会令人觉得过于激进。

图 1-48

该网页的无彩色中加入部分蓝色时，整体上有理智、冷静、严谨的印象，让人觉得心性平和。

图 1-49

## 1.6　单色印象空间

　　大家看到红色的时候有什么感觉？看到蓝色的时候有什么感觉呢？而看到黄色和绿色的时候感觉又是如何呢？

　　当然每一种颜色给人们的感觉都会有所不同，但要具体说明有何不同却是一件困难的事情。如果有一个能够合理客观地分析出这种感觉差异的标准，那么就可以利用它说明这种感觉上的差异了。

## 1.6.1 表现色彩感觉差异

使用纯度较高的红色与灰色相搭配，表现出喜庆的氛围，而通过多种不同色相颜色的辅助，能表现出欢乐的印象，如图 1-50 所示。使用不同明度的蓝色调进行搭配，让人感觉沉稳、理智，常用于表现科技感，如图 1-51 所示。

该网页以红色为主，加入了一些灰色，呈现出欢乐的印象，起到呼应主题的作用。红色在中国传统色彩印象中是节日庆典的主色。

图 1-50

蓝色是天空和海洋的色彩，有着天空和海洋的辽阔和深沉，给人以冷静、理智的印象，使用不同明度的蓝色搭配，也可呈现出炫目的科技感。

图 1-51

## 1.6.2 不同单色的印象差异

红色会给人一种动态的感觉，反之蓝色会给人一种静态的感觉。黄色给人一种动态、柔和的感觉，而绿色虽然也是较柔和的感觉，但不会给人动态的感觉，也不会给人静态的感觉。

黄色是明度最高的色彩，黄色和红色一样引人注目，给人温暖和充满活力的感觉，如图 1-52 所示。纯净的绿色可视度不高，刺激性不大，对生理和心理作用都极为温和，给人以宁静、安逸、安全、可靠和可信任感，使人精神放松，不易疲劳，如图 1-53 所示。

该网页中大面积地使用黄色作为主色，格外引人注目，黄色极具跳跃感，充满了活力。

图 1-52

绿色是草地和树木的颜色，与蓝色一样是大自然的主要色彩，给人以宁静、安逸的感觉，具有健康、纯净的色彩含义。

图 1-53

# 1.7 配色印象空间

设计师在设计网页的过程中，绝对不会仅仅使用某一种颜色，他们通常都需要搭配使用三至四种甚至更多种颜色来获得较好的配色效果。为了对多种颜色的混合使用进行评价，就需要引入新的配色分析方法——配色印象空间。

## 1.7.1 不同的配色印象空间

在配色印象空间中，给人静态柔和感觉的配色通常都是隐约柔和颜色之间的搭配，给人动态柔和感觉的配色通常都是鲜亮颜色之间的搭配，给人动态生硬感觉的配色通常都是鲜亮颜色和浑浊暗淡颜色之间的搭配，给人静态生硬感觉的配色通常都是灰冷颜色之间的搭配。

### 1. 静态柔和的网页配色

使用高明度的蓝色作为主色调，搭配浅灰色与高明度低纯度的黄色，表现出宁静、柔和及舒适的感觉，如图 1-54 所示。

### 2. 动态柔和的网页配色

使用纯度较高的红色作为网页主色调，搭配纯度较高的黄色和绿色，整个页面让人感觉动感十足，如图 1-55 所示。

该网页中使用蓝色作为主色调，加入了淡淡的黄色和浅灰，给人以柔和、舒适的视觉感受。

差别较大的色相同时放到一起会给人杂乱的感觉，但是该页面中很好地使用白色边框作为过渡，使各颜色之间界线清晰。

图 1-54                                   图 1-55

## 1.7.2 配色印象差异

比起色相，人们对颜色的印象更大程度地取决于色调。这主要表现为鲜明的色调通常给人柔和、动态的印象，如图 1-56 所示。阴暗的色调给人生硬的印象，普通的色调给人生硬、静态的印象，而柔和的色调却会给人一种静态的印象，如图 1-57 所示。

> **提示**
>
> 在配色印象空间中，相距较远的颜色之间的印象会有较大的差异，而距离较近的颜色之间的印象会比较相近，也就是说颜色间的距离与印象的差异程度成正比例关系。

该网页中使用了几种中等纯度但明度较高的色彩，给人以柔和、动态的印象，使页面具有律动感。

该网页中使用了黑色、深灰低纯度和低明度的颜色进行搭配，整体给人静态、沉稳和生硬的感觉。

图 1-56

图 1-57

## ★配色案例 02：咖啡厅网页配色

咖啡厅是人们用于聚会休闲、商务交流的场所，遍布于每个城市的大街小巷之中。咖啡厅的网页设计和色彩搭配，需符合品质、文化的意义和印象，既要给人以温和、悠闲的感觉，也要有一些时尚气息以及对文化内容和理想生活方式的追求。

| 案例背景 | 案例类型 | 咖啡厅网页设计 |
|---|---|---|
| | 群体定位 | 时尚人士、商业人士 |
| | 表现重点 | 棕色带给人安全、安定和安心感，它在日常生活中是比较常用的色彩，与同色系的暗色调搭配，更加彰显出稳重的感觉 |
| 配色要点 | 主要色相 | 棕色、浅茶色、浅蓝色、铬黄色 |
| | 色彩印象 | 安定、温和、温馨 |

| #441a0c | #e0f9fd | #fee55f |
|---|---|---|
| | #e19d5e | #ffffff |
| 主色 | 辅色 | 文本色 |

## 🔽 设计分析

①以棕色为主色调，浅茶色和浅蓝色作为辅色，表现出温暖、舒适的感觉。

②使用鲜明的红色、绿色、橘色作为点缀色，增加了页面的趣味性，使整个页面不会因为大面积的主色和辅色而感到过于严肃和冷静，增加了生活的欢乐气息。

③各种元素的使用生动而自然，充满时尚感与休闲感，新颖别致，文字的处理既清晰又生动，充满趣味性，令人愉悦且引人注目。

## 🔽 绘制步骤

| 第1步: 确认网页主色，创建整体布局，输入网页导航栏文字。 | 第2步: 编辑咖啡厅宣传文字，插入素材。 |
|---|---|
| 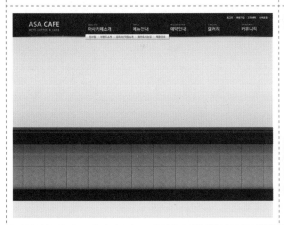 |  |
| 第3步: 继续插入其他素材和文字。 | 第4步: 输入版底文字内容，修改背景颜色，获得清新的配色效果。 |
|  |  |

## 🔽 配色方案

| 诚实 | | | 安定 | | |
|---|---|---|---|---|---|
| #835f12 | #00335e | #7aa36d | #594600 | #713b12 | #835f3e |
| 平稳 | | | 讲究 | | |
| #691b1c | #c39366 | #713b12 | #bc8c1b | #713b12 | #9a2d21 |

**⬇ 延伸方案**

√ 可延伸的配色方案                    × 不推荐的配色方案

配色评价：

① 黑色可以体现出高级感，使页面效果更具格调，与鲜艳的橙色和绿色搭配应用于网页设计中，增添了一些轻快、休闲的氛围。

② 黑白相间是永远不会过时的搭配，一直位于时尚的前沿，与茶色和棕色搭配，更具正式感。

配色评价：

蓝色具有广阔悠远的气质，如果被局限或在结构上过于生硬，会表现得过于冷静，用在咖啡厅网页中，有些忧郁、过于沉静的感觉，无法诠释主题所要表达的优质生活，也大大降低了悠闲和活跃的气氛。

**⬇ 相同色系应用于其他网页**

用于读书社区网页：

① 棕色具有古朴的气质，给人以安定和安心感，与灰色搭配，彰显出踏实稳重的感觉。

② 使用黑色和鲜艳的色彩加以点缀，既增加了一些趣味性，也给人一些格调感。

用于房产销售网页：

① 使用棕色到深棕色的渐变色作为背景色，页面让人感觉安定、精致，加入一些其他色彩的点缀，可以活跃页面气氛。

② 加入多元化的色彩应用，使页面主题突出、动感十足。

# 第②章 网页配色要求和规范

尽管我们可以在网上搜罗到铺天盖地的所谓配色原理、配色宝典和配色技巧,然而配色本身是无法被量化的,既需要有良师的点拨、艺术氛围的熏陶,更要大量借鉴和总结成功的作品,并且勤奋练习才能不断提高。

## 2.1 网页配色的要求

网页配色水平的提升,是一个慢慢积累的过程。除了掌握网页配色基础知识外,设计师还可以通过观察、临摹别人的配色方案,不断总结前人的经验,发现一些配色的规律和技巧,让学习的过程变得简单快捷,以此来加深对色彩的理解,提高配色水平。

### 2.1.1 色彩的对比

对比在配色中是一个无处不在的概念,只要将两种或两种以上的颜色放在一起,它们就会产生对比。当两种颜色同时被放置在一个空间中时,这两种颜色会走向各自色彩效果的极端。例如将红色和绿色放在一起,红色看起来更红,绿色看起来更绿。

对比分为多种形式,例如色相对比、明度对比和纯度对比,其中,色相对比是效果最明显的。各种高纯度的色块相互搭配往往能够对人的视觉产生强烈的刺激,如图 2-1 和图 2-2 所示。

该网页中颜色不多,主要使用了无彩色的明度对比,很有文艺气息和文化素养,给人以和谐、温和的感受。

图 2-1

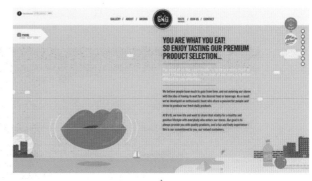

该网页中使用了大面积的黄色和高纯度的其他颜色相搭配,比以灰色为主的网页要艳丽很多,更容易吸引眼球,在第一时间引起浏览者的注意。

图 2-2

### 2.1.2 色彩的大小和形状

除了色彩本身的对比之外,色块的大小、形状和所处的位置也会对色彩搭配的整体效果产生很大的影响。如果两种色彩的面积相同，那么这两种颜色的对比就会十分强烈显眼，相互为竞争的关系。当两种色彩的面积不等时，小面积的色块就会成为大面积色块的补充，相互为对应或呼应的关系。

**提示**

　　有一个很形象的说法：万绿丛中一点红。如果在一大片绿叶中间放一朵小红花，整个页面会显得主题明确，协调美观。而如果给一个模特穿上红上衣、绿裙子，整个页面就会糟糕无比。

　　此外，不同形状的色块也会呈现出不同的视觉效果，如图 2-3 和图 2-4 所示。一般来说，直线和矩形会传达出一种严谨科学、中规中矩的感觉，而曲线和弧形则会传达出随性洒脱、个性张扬的感觉。正确使用线条和形状可使页面效果更丰富立体。

该网页大面积使用绿色作为背景，少量使用红色作为标题文字的颜色和点缀色，吸引眼球又突出重点。

当红色元素过多，与绿色的背景形成竞争关系，既不能起到衬托和点缀的效果，又会显得杂乱无章。

图 2-3　　　　　　　　　　　图 2-4

## 2.1.3 色彩的位置

　　色块在页面中所处的位置不同，构成的页面效果也会有很大的差别。色块的位置和大小往往是联系在一起的，例如在网页设计中，人们总会有意识地使页面中的色块不过于对称。

　　如果页面的左边有一块红色，那么右边的水平位置最好不要再安排另一块同样大小同样形状的红色，因为这样会导致版式过于对称，使页面过于静止。当然如果有意使用完全对称的布局方式，那就另当别论，如图 2-5 所示。

该网页中使用了较多的色块，这些色块的大小、纯度，搭配的元素、明暗程度和摆放位置各不相同，看上去或远或近，给人以律动感和空间感。

图 2-5

## 2.1.4 色彩搭配原则

　　总体来说，色彩搭配需要遵循以下 5 个原则：整体色调统一、配色要有重点色、配色的平衡、配色的节奏和对比色的调和。

## 1. 整体色调统一

整体色调协调统一和重点突出是任何设计都适用的原则，这可以使作品更加专业和美观。在着手设计页面之前，应该先确定主色调，主色将会占据页面中很大的面积，其他的辅助性颜色都应该以主色为基准进行搭配，如图 2-6 所示。

页面的整体色调应该根据企业的性质和想要表现的具体风格来确定。若选择暖色作为主色调，那么整体页面效果也会显得温馨亲和；若选择冷色作为主色调，那么页面效果会呈现清爽理智的感觉；明度高的颜色会使页面效果看起来更加轻松活泼，而明度低的颜色则会强调低调沉稳的意象，如图 2-7 所示。

该网页采用绿色作为主色调，以嫩绿色和黄绿色的渐变作为背景，页面使用深绿色矩形背景展示主要内容，白色矩形搭配点缀，页面主题明确、色调协调统一。

该网页使用烂漫的浅粉色作为主色，页面整体效果温暖甜美。文字选择了同色系的红色，在保证主题明确的前提下，页面色调高度统一。

图 2-6

图 2-7

## 2. 配色要有重点色

配色时，可以将一种颜色作为整个页面的重点色，这个颜色可以被运用到焦点图、Banner，或者页面中其他相对重要的元素，使之成为整个页面的聚焦点，如图 2-8 所示。

重点色不等同于背景色，重点色的选择应该满足以下条件：(1) 比页面中的其他颜色更强烈显眼；(2) 与其他颜色形成鲜明的对比；(3) 应该小面积使用。

## 3. 配色的平衡

配色的平衡主要是指颜色的强弱、轻重和浓淡的关系。一般来说，同类色的搭配往往能够很好地实现平衡性和协调性。而高纯度的互补色或对比色，例如红色和绿色，很容易给人的视觉带来过度强烈的刺激。如果能够缩小其中一种颜色的面积，或者使用黑、白、灰等中性色进行调和和过渡，那么页面将会变得协调而稳定，如图 2-9 所示。

另一方面是关于明度的平衡关系。高明度的颜色显得更明亮，可以强化空间感和活跃感；低明度的颜色则会过多地强化稳重低调的感觉。如果将明亮的颜色放在较暗的颜色上面，页面整体效果会显得很稳定；如果将较暗的颜色放在明亮的颜色上方，则会产生一种动感，页面效果会很开阔，如图 2-10 所示。

## 4. 配色的节奏

将同一种颜色反复使用，并以不同的形式进行排列时，就会产生节奏感。色彩的节奏通常与色块的形状、大小、质感和摆放位置有很大的关系。

逐渐改变颜色的色相、纯度和明度，并重复安排色彩，页面效果会产生有规则的变化，产生反复的节奏。当页面中颜色较多时，合理安排颜色的节奏是非常重要的，如图 2-11 所示。

该网页使用浅灰到深灰的渐变色作为背景，使用绿色作为主色，位置标志、主要图标及文字使用了与绿色构成鲜明对比的橘红色，使用面积虽小却很显眼。

图 2-8

该网页中拥有同等面积的黄、蓝、绿、品红、橘等高纯度的色彩，很有炫目感，能成功地吸引用户的目光，为了使页面协调稳定，使用了灰色进行调和及过渡。

图 2-9

为了突出主体和标志，该网页使用了明度较低的驼色和咖啡色作为主色和辅色。而为了起到更好的衬托效果，使用明度更低的棕色作为背景，文字色和重点色则使用明亮的颜色，既强化了页面的稳重感，又增加了页面的空间感。

图 2-10

该网页中深灰色占了大部分面积，但是在布局上并没有一通到底，色块的分布排列不仅有节奏和层次，而且能突出中间的广告内容，使主体部分格外突出、显眼。几种高纯度的色彩在色相和明暗上有一些不同，但色调一致，使整个页面有空间感、节奏感、韵律感和层次感。主题突出、文字清晰、布局灵活，既显庄重，又有极强的艺术气息。

图 2-11

## 5. 对比色的调和

当页面中包含两个或两个以上的对比色时，就需要对它们进行调和，否则页面整体色调就会失衡，如图 2-12 所示。

通常可以使用 3 种方法来一步步调和对比色：(1) 调整两种颜色的面积，降低两种颜色的纯度，使色感减弱；(2) 在页面中添加两种颜色之间的颜色，引导颜色在色相上逐渐过渡；(3) 在页面中添加黑、白、灰等中性色，进一步削弱对立感。

该网页中的绿色和红色为对比色，首先降低两种颜色的纯度，使它们在色感上更温和。接着加入相同纯度的黄色(因为红色和绿色中都包含黄色)，最后在背景中加入大片的浅灰色，颜色调和完成。

图 2-12

### 2.1.5　配色尽量选择双色和多色组合

单个颜色的明暗度组合，给人的统一感会很强，容易使人产生印象；双色组合会使颜色层次明显，让人一目了然，产生新鲜感；多色组合会让人产生愉悦感，丰富的色彩也会使人更容易接受，在色彩的排列上，也会因顺序的变化，给人截然不同的感觉。

如果想让人产生新奇感、科技感和时尚感，那么采用特殊色，如金色、银色等，就能够产生吸引人的效果，如图 2-13 所示。

金黄色是由红色和黄色构成的，银色是由不同明暗和纯度的灰色构成的。该页面中使用金色作为主色，与黄色的产品相呼应，渲染出了新奇感、科技感和时尚感。

图 2-13

### 2.1.6　尽可能使用两至三种色彩进行搭配

虽然在网页配色时多色的组合能让人产生愉悦感，但是考虑到人的眼睛和记忆只能存储两到三种颜色，过多的色彩可能会使页面显得较为复杂、分散。相反越少的色彩搭配能在视觉上让人产生印象，也便于设计者的合理搭配，更容易让人们接受，如图 2-14 所示。

该网页中虽然使用绿色、太阳橙和蓝色3种对比强烈的颜色，但是巧妙地控制了3种颜色的面积，使整个页面主题明确，呈现出开放、活泼的气氛，让人觉得幸福、亲近和舒适。

图 2-14

# 2.2 网页中的色彩比例

网页配色最忌讳的就是在页面中漫无目的地堆砌多种颜色，并把每种颜色都做得一样大，页面整体看起来像一个调色盘一样。正常情况下建议一个页面最好不要超过3种颜色，下面探究一下不同颜色的比例关系。

## 2.2.1 主色、辅色和重点色

网页中的颜色按作用可大致分为以下3种。

**主要颜色：** 也称为主色调，可以清楚地表现网页内容性质，是支配整个页面效果的主导性颜色，面积通常较大，起到了整体显示出网页内容和风格的重要作用。

**辅助色：** 主要指辅助主色的次要颜色，用于协助主色营造整体气氛，以丰富页面效果。

**重点色：** 也称强调色，用于强调配色的重点，重点色主要是在网页中突出、强调显示的内容区域，通常只占较小的面积，主要用于按钮和标签，如图2-15所示。

该网页中使用的颜色很少，背景色为白色，主色为青色，辅色为浅灰色和黑色，重点色为红色，文字色为黑色。我们从原图中抽象出后面的色彩分布图，以便更直观地查看各种颜色的分布。

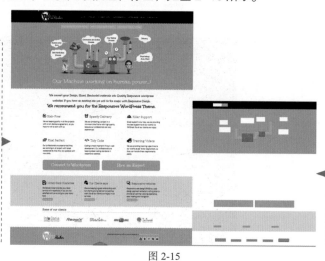

页面中颜色的比例大致为白色45%，青色35%，浅灰色10%，黑色7%，红色3%。其中红色所占的比例最小，但它却是页面中最显眼的颜色。

图 2-15

## 2.2.2 鲜艳颜色和无彩色的运用比例

页面中鲜艳的暖色和红色调要少用，黑、白、灰等无色系应该多用。红、粉红、紫红、橙色和黄色等色彩会给人带来极强的视觉刺激感，更适合作为重点色小面积使用，用于强调页面中的视觉重点，如果大面积使用，会给浏览者的视觉造成过度的刺激。当然，如果正想表现这种效果，那就另当别论。

低纯度颜色的色感不明显，如果将几个不同颜色的纯度降低，或者将明度提高，这就意味着色彩中的黑色或白色在不断增加，也就是说这些不同颜色的共性在不断提升，所以看起来会比纯色搭配在一起更加协调，如图 2-16 所示。

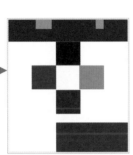

该网页在色彩分布上很具有代表性。颜色分布图直观地列出了每种颜色的具体使用情况。各种颜色的比例大致为白色 + 浅灰色 43%，绿色 22%，深蓝色 15%，橙色 5%，棕色 5%，深粉色 5%，黑色 5%。

该网页中的黑、白、灰、棕色、深蓝色等亚光黯淡的颜色占据了页面大部分的面积，而绿色、橙色等纯度相对较高的颜色只占很小的一部分。低纯度颜色的色感并不明显，使页面看起来更协调舒适。

图 2-16

### 2.2.3　色彩的层次

色彩的层次是指将图像去色之后，有没有表现出从黑到灰到白的存在比例。如果页面中的黑色比较多，那么整体效果就会显得沉重；如果白色很多，就会显得苍白；如果灰色比较多，那么整个页面就会显得很脏。

颜色纯度越高，明度越高，就会显得越活泼，给人一种前进的感觉；反之纯度越低，明度越低，就会给人感觉沉静，往后退。有效利用这一点即可构建出良好的层次感，如图 2-17 所示。

该网页通过去色后，可以清楚地看到，虽然页面中的颜色很单调，但是去色后我们仍然可以丝毫不受影响地分辨出每个元素的面貌，黑白灰的层次非常明显，所以页面效果的空间感很好。

图 2-17

 ★配色案例 03：视频网站的网页配色

高纯度和高明度的绿色会非常引人注目，与同类色和邻近色搭配可以表现出友好的态度，使用对比色搭配，轻松优雅的氛围中流露出一种强大的力量，给人以希望和生命力，而当与无彩色中的深灰和黑色搭配时，会形成强烈的对比，显得更加鲜亮。

| | 案例类型 | 视频网站配色设计 |
|---|---|---|
| 案例背景 | 群体定位 | 年轻人、视频爱好者 |
| | 表现重点 | 简单且明亮，整个页面干净利落，给人一种高品质的感受，同时也呈现出现代人对美好生活的向往和追求 |
| 配色要点 | 主要色相 | 绿色、深灰色、黑色 |
| | 色彩印象 | 放松、神秘、生命力、感染力 |

| #64a51f | #171717 | #ffffff |
|---|---|---|
| 主色 | 辅色 | 文本色 / 重点色 |

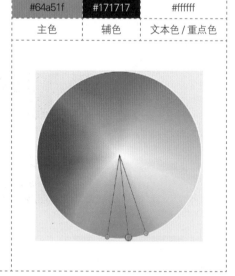

## 🔵 设计分析

① 使用高纯度的绿色作为主色，具有很强的吸引力；使用黑色和深灰色作为辅色，使绿色更加耀眼，呈现出强劲的生命力，且增加神秘气息。

② 整体结构极为简化，既错落有致又显得整齐，主色和辅色在明暗上的变化和搭配增加了空间感和层次感，使整个页面结构看上去简单却不过于单调。

③ 使用白色作为文字色和重点色，成功地吸引了人们的注意，将重点部分以最快的速度映入眼帘，与绿色搭配时柔和、清晰，与黑色搭配则更加突出。

## 🔵 绘制步骤

| 第 1 步：创建整体框架，确定主色和辅色。 | 第 2 步：添加标题，添加文字，确定文字色。 | 第 3 步：插入文字和图片，完成整体布局内容的制作。 | 第 4 步：把控细节，调整局部明暗、渐变和层次。 |
|---|---|---|---|

## ⬇ 配色方案

| 跳跃 | | | 怀旧 | | |
|---|---|---|---|---|---|
| #fced02 | #a39900 | #64a51f | #926b30 | #64a51f | #f7f9bc |
| 科技 | | | 浓烈 | | |
| #2984d7 | #64a51f | #ffffff | #b72213 | #64a51f | #ffffff |

## ⬇ 延伸方案

√ 可延伸的配色方案　　　　　　　　× 不推荐的配色方案

配色评价：

① 深远、广阔的蓝色与黑色的搭配，增加了许多亮丽感，作为受众度最高的颜色，能够被广大浏览者所接受。

② 无论是蓝色还是黑色，与重点色白色搭配不但清晰、一目了然，而且给人一种高品质的视觉体验，在神秘感的基础上多了几分幽静与和谐的感觉。

配色评价：

① 紫色是庄严神圣的色彩，本身带有几分神秘感，在与黑色和深灰色搭配的时候，会增添几分亮丽，奢华而明艳。

② 黑色本身具有十分庄重的神秘感，给人以庄严的印象，用在此处与大面积的紫色搭配，神秘感过重，有些诡异的气氛，缺少柔和感和活跃度，过于纯净的白色的调和作用不够，显得有些生硬。

## ⬇ 相同色系应用于其他网页

应用于互联网网页：

① 绿色既象征着希望，又给人以平和的印象，深绿、浅绿和黄绿色的搭配与融合，表现了较为张扬的个性，显得激情而绚丽，体现旺盛的生命力。

② 使用深灰色和浅灰色作为衬托，更加突出绿色的亮丽，使人眼前一亮，呈现律动的科技感。

应用于高尔夫俱乐部网页：
① 使用郁郁葱葱的高尔夫球场作为页面的重点，非常直接地传递了自信与牛机勃勃的力量，给人一种正能量，令人神往。
② 使用深绿色和黑色的搭配，增添了一些端庄、正式和神秘的气息，给人以品质感和高雅感。

# 2.3  网页中的留白艺术

网页中的留白也是页面的一个组成部分，应该与图片、文字和动画等元素一同进行设计。很多设计作品的细节部分处理得很到位，但是因为版面留白不够而给人造成一种强烈的窒息感，很容易造成视觉疲劳。

## 2.3.1  节奏感和韵律感

页面布局讲究均衡、节奏和韵律，而这些在很大程度上都是借助于留白的作用。合理使用留白可以调剂不同元素之间的关系，使不同元素排列得更加连贯，整个版面的布局更加合理。试想一下，如果一个页面摆满了图片文字，一丝空隙都不留，又谈何节奏感和韵律感，如图 2-18 所示。

该网页的模式在生活中随处可见，排版方式过于死板，文字颜色看上去也过于复杂，且除了必要的间距之外几乎没有留白，整个版面塞满了东西，虽然整体看起来不至于让人厌恶，但也很难让人记住。

图 2-18

## 2.3.2  体现网页特征

利用网页留白可以正确表现出网页的特征。页面中各个元素之间的留白较大，而且配色节奏舒缓，那么页面就会呈现出非常明显的舒适休闲的感觉；如果各个元素排列紧凑，且留白较少，配色节奏快，那么整个页面就会呈现刺激紧张的感觉，如图 2-19 所示。

该网页中虽然元素较多，但都用块状归类得井井有条，而且每块文字每张图片都有适当的空白。再加上巧妙的配色，整个版面充满了跳跃感与空间感，艺术、高雅且内容丰富，使人印象深刻。

图 2-19

### 2.3.3　留白的不同体现

传统意义上留白就是在一片区域中留有空白，然而我们有时需要突破"留白就是完全的空白"这种局限的观念。因为颜色本身就有体积感和重量感，所以利用颜色的色块来平衡页面布局也是常用手法，如图 2-20 所示。

不同色块的排列组合，以及文字和图片之间的结合，借助于颜色的冷淡和轻重，就可以轻而易举地表现出空间感和动态感。采用这种排版手法，网页上没有任何纯粹的留白区域，但是可以靠一些色块和简单的图片来表现空间感，原理也同留白一样。

图 2-20

## 2.4　基于色相的配色

当依据色相去设计策划一个网页配色方案时，获得的效果会比较鲜艳、华丽。许多服装在设计上采用的都是典型的基于色相的配色方案，这种配色方案在个性比较鲜明的网页上应用较为广泛。

### 2.4.1　基于色相的配色关系

采用不同色调的同一色相时，称之为同一色相配色；而采用邻近颜色配色时，称之为类似色相配色。同一色相配色与类似色相配色在总体上给人一种统一、协调、安静的感觉。就好像在鲜红色旁边使用了暗红色时，会给人一种协调、整齐的感觉，如图 2-21 所示。

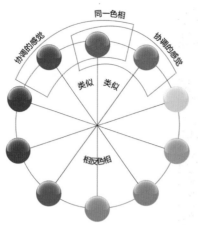

图 2-21

该图是以色相环中的红色为基准进行的配色方案分析。类似色相是指在色相环中相邻的两种色相。在色相环中位于红色对面的蓝绿色是红色的补色。

补色的概念就是完全相反的颜色。在以红色为基准的色相环中，蓝紫色到黄绿色范围之间的颜色为红色的相反色调。相反色相配色是指搭配使用色相环中相距较远颜色的配色方案，这与同一色相配色或类似色配色相比更具有变化感。

## 2.4.2 基于色相的配色方法

利用色相进行配色可以营造整齐的氛围，或可以突出各种颜色所需要传达的直接印象。合理地搭配一些辅助色可以突出显示颜色并给人轻快的感觉，而适当地搭配类似色相可以获得整齐、宁静的效果，如图 2-22 所示。

### 1. 相反色相、类似色调配色

使用了相反的色相，类似的色调可以得到特殊的配色效果。而影响这种配色效果的最重要因素在于使用的色调。当页面中为对比度较高的鲜明色调时，使用色相进行网页配色将会得到较强的动态效果；当页面中为对比度较低的黑暗色调时，不同的色相组合在一起会突显一种安静、沉重的效果，如图 2-23 所示。

该网页中使用了类似色的配色，使用了色相环中邻近的红紫色和蓝绿色，整体给人一种协调、安静、端庄和高雅的风格。

图 2-22

该网页中蓝色与品红色形成鲜明的对比，两种颜色同时在背景与主题图片中使用，背景中的两种颜色色调相同，主题图片中的两种颜色色调也相同，整体不但协调平衡，且极具层次和空间感。

图 2-23

相反色相、类似色调的配色可以获得静态的变化效果：(1) 补色与相反色相配色：强调轻快的气氛效果；(2) 类似色相与邻近色相配色：整齐、安静的感觉。

色相配色可以获得稳定的变化效果：(1) 补色与相反色相配色——强烈而鲜明的效果；(2) 类似色相与邻近色相配色——冷静、稳重的感觉。

### 2. 相反色相、相反色调配色

采用了不同的色相和色调，得到的效果具有强烈的变化感、巨大的反差性，以及鲜明的对比性。与相同色调、相反色相的配色相比，相反色调、相反色相的配色表现的是一种强弱分明的氛围。网页配色时，这种配色方案的强弱效果取决于所选颜色在整体页面中的所占比例，如图 2-24 所示。

### 3. 无彩色和彩色的配色

利用无彩色和彩色进行网页配色的方法可以营造不同的风格效果，无彩色主要是由白色、黑色以及它们中间的过渡色灰色构成，由于色彩印象的特殊性，在与彩色搭配使用时，它们可以很好地突出彩色效果。通过搭配使用高亮度的彩色、白色以及亮灰色，可以得到明亮轻快的效果；而低亮度彩色以及暗灰色，可以呈现一种黑暗沉重的效果，如图 2-25 所示。

网页背景中的黑色与高明度色形成对比，在该网页中还可以看到相反的色相和同色相的不同的纯度。配色丰富却又和谐，给人眼前一亮的感觉。

该网页中的背景使用白色到浅色灰的渐变以及深灰和黑色，使页面中中等亮度、高纯度的几种色彩更加突出和绚丽，使得整个页面显得十分活跃和立体。

图 2-24 　　　　　　　　　　　　　　　　　　　图 2-25

## 2.5　基于色调的配色

基于色调对网页进行配色的方法着重点在于色调的变化，它主要通过对同一色相或邻近色相设置不同的色调得到不同的颜色效果。

### 2.5.1 基于色调的配色关系

色调指的是图像的相对明暗程度。同一色调配色是指选择同一色调不同色相颜色的配色方案，例如使用鲜艳的红色和鲜艳的黄色的配色方案。类似色调配色是指使用类似基准色调的配色方案，这些色调在色调表中比较靠近基准色调。相反色调配色是指使用基准色调相反色调的配色方案，这些色调在色调表中远离基准色调，如图 2-26 所示。

该网页虽然黑白灰占用了大部分空间，但红色和黄色格外鲜艳。色相之间的对比给人鲜明的印象，让人产生兴奋的感觉。

图 2-26

## 2.5.2 基于色调的配色方法

基于色调的网页配色可以给人一种统一、协调的感觉，避免色彩的过多应用给网页造成繁杂、喧闹的印象，这种配色方案可以通过控制一种颜色的明暗程度，制造出具有鲜明对比感的效果，或者是制造出冷静、理性、温和的效果。

### 1. 同一或类似色相、类似色调配色

在网页配色中使用可以产生冷静、理性、整齐而简洁的效果，但如果选择了极为鲜艳的色相，那么将会给人一种强烈的视觉变化，会给人带来一种尊贵、华丽的印象。总的来说，使用类似色相和类似色调进行网页配色可以带来冷静、整齐的感觉，类似的色相能够表现出页面的细微变化，如图 2-27 所示。

色调配色主要是基于色调的变化进行配色，总体规律大致归纳为：(1) 亮色调在网页中运用带来鲜明的对比感；(2) 暗色调带来冷静、温和的理性感觉。

### 2. 同一或类似色相、相反色调配色

这种网页配色方案主要是使用同一或类似的色相，但使用不同的色调进行配色，它的效果就是在保持页面整齐、统一的同时能很好地突出页面的局部效果。

类似色相、相反色调的配色可以获得统一、突出的效果，配色时色调差异越大，突出的效果就越明显，如图 2-28 所示。

该网页使用了橙色、橘黄色和太阳橙类似色组组成，页面色调对比统一、协调，给人以生机勃勃的美好印象。

图 2-27

该网页背景由统一的蓝色色相组成，深蓝与浅蓝将页面分成了两个区域。

图 2-28

### 3. 渐变配色

这种配色方案主要是以颜色的排列为主，浏览大多数的网页，几乎每个网页都会有渐变这样的

配色案例，按照一定规律逐渐变化的颜色，会给人一种富有较强韵律的感受，渐变可以分为色相渐变和色调渐变，如图 2-29 所示。

该网页使用了典型的渐变配色方案，色彩的过渡变化让网页有了一种律动感，富于变化和层次感。网页的下半部分使用不同的色相来划分页面中的不同内容，渐变色与白色的明显过渡，又增加了简洁、整齐、大气的风格。

图 2-29

## ★配色案例 04：网络技术网页配色

金盏花色是一种欢乐的颜色，如同冬日的阳光一样给人温暖，象征着丰富、光辉和美丽，适用于表现开放的年轻态，与同类色、邻近色搭配，色调统一而不失开放，给人一种活跃、友好的感觉。

| 案例背景 | 案例类型 | 技术服务网页设计 |
| --- | --- | --- |
| | 群体定位 | 商业用户、技术人员 |
| | 表现重点 | 亲和、包容、易接近、轻松自由、积极友好 |
| 配色要点 | 主要色相 | 金盏花色、淡黄色、灰色 |
| | 色彩印象 | 温暖、欢乐、和蔼 |

| #f6a70e | #fee8b5 | #ffffff |
| --- | --- | --- |
| | #4a3e39 | |
| 主色 | 辅色 | 文本色 / 重点色 |

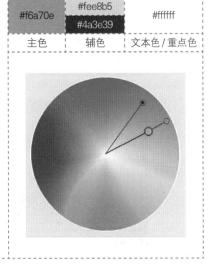

## 🔽 设计分析

① 金盏花色是介于橙色和黄色之间的一种过渡色，既有引人注目的能量，又具有温和、温暖的印象，作为主色，可以有效提高亲和力，使人觉得容易亲近。

② 整体结构简洁，是完美的扁平主义风格，结构简单却有层次，金盏花色与淡黄色搭配，属于同色系中的搭配，给人一种轻柔、和蔼可亲的感觉。

③ 灰色的融入，可以提高产品的品质，增加高端、大气的氛围，与金盏花色和淡黄色相搭配协调、舒适，充满科技感和生活气息。

## ⬇ 绘制步骤

| 第1步: 创建整体框架，确认主色和辅色。 | 第2步: 插入底图图片，创建渐变蒙版。 | 第3步: 插入标题，添加首屏文字信息和形状。 | 第4步: 继续插入文字和形状，设置阴影及混合模式。 |
|---|---|---|---|
|  |  |  |  |

## ⬇ 配色方案

| 灿烂 | | | 温柔 | | |
|---|---|---|---|---|---|
| #f7ab00 | #fff798 | #ef93bb | #fbd8b5 | #f7ab00 | #f19cad |
| 精致 | | | 绅士 | | |
| #fdd000 | #c6cfd3 | #8fa26d | #7e768c | #fdd000 | #a48434 |

## ⬇ 延伸方案

| √ 可延伸的配色方案 | × 不推荐的配色方案 |
|---|---|
| <br> |  |

配色评价:
① 红色是热情的象征，而酒红色比红色更富有韵味，是国际时尚界十分流行的颜色，与纯红色搭配，能给人富足、充实的感受。
② 灰色是中庸的颜色，在过于炙热和过于冷清的颜色中都可以起到调和的作用，常被用于电子产品等高端科技产业，具有稳定感和信任感。

配色评价:
① 绿色能给人希望、生命力，也可以表现出友好的态度，给人以内敛的印象，当明度和纯度较高时，会显得很亮丽。
② 深灰色与纯度和明度都高的绿色搭配，显得绿色更加亮丽，过于跳跃而有失稳重感，在结构上也有些控制不住，让人觉得有些浮躁，虽然具有冲击力却缺少舒适感，让人无法专注。

#### ◯ 相同色系应用于其他网页

应用于电话销售网页：
① 橘黄色的亮丽与活力能够令人愉悦并让人有振奋的力量，
与金盏花搭配显得欢快和热闹。
② 浅灰色增加了整体页面的格调，是非常好的衬托，是让整
体风格显得和谐、自然的有力元素。

应用于烘焙技术网页：
① 鲜亮的铬黄色是显眼且有个性的色彩，既欢快又富有个性，
与金盏花的搭配给人以爽朗的印象，中间的过渡产生浓郁
的色泽感。
② 与咖啡色的搭配增强了人们的食欲感，让人联想到深厚的
巧克力和黄油的香味。

## 2.6　配色要力求打动人心

不同类型的网页有着不同的传达任务，有着不同的浏览群体，配色能够符合浏览者的心理需要，
与浏览者产生共鸣，起到与目标一致的作用，是我们需要探讨的重要事项。

### 2.6.1　配色要让浏览者产生好感

浏览者在浏览网页内容的同时，对网页色彩的需要不是没有目标的，一定是有某种印象需要通
过颜色来传达。例如鲜艳的暖色会表达一种热烈、欢快的印象；柔和的冷色传达一种沉静、安稳的印象。
此外，浪漫的、厚重的、自然的、都市的、现代的与古典的，这些不同的印象需要不同的色彩搭配
进行传达，如图 2-30 所示。

该网页使用粉色作为主
色，粉色是女性化的颜色，
也是年轻的颜色，给人温
馨、甜美和稚嫩的印象，
与产品的颜色和谐统一，
将女性的魅力发挥得淋漓
尽致，彰显出令人愉悦的
气息，非常符合浏览群体
的需要和感受。

图 2-30

如果配色与头脑中的这些印象不一致，那么网页中的配色无论如何精彩，都不会吸引关注，只
有好的配色才能打动人心。

## 2.6.2 使人产生共鸣的配色方法 ❯

　　配色时精确地表现一种色彩印象不是一件容易的事，这需要很强的审美能力和经验，在配色的过程中，要充分利用人们对色彩的共鸣。当人们看到粉红色时，会有可爱、浪漫的感觉；看到深蓝色时，会有忧郁的感觉；看到灰色时，会有理性、现代的感觉，如图 2-31 所示。

深蓝色本身就有冷静、深远的特点，该网页在深蓝的基础上加入了大量的黑，多了几分神秘、冷峻的印象，同时使明亮的黄色更加耀眼，在幽静中迸发出热情，呈现对高端品质追求的欲望。

图 2-31

　　色彩有色相、明度和纯度等属性，这些属性的不同状态，都传达着不同的色彩印象。将这些属性尺度化，就能轻松表达网页所传达给浏览者的印象。

# 第 ③ 章 网页配色的基本方法

色彩搭配是网页设计和制作中非常重要的环节，一个合格的网页设计师应该熟练掌握色彩的原理和基础，并合理使用这些知识进行有效配色，正确体现出页面的风格。

## 3.1 网页配色的整体结构

在设计和制作网页时，可以根据具体需求选择页面的背景，通常可以是纯色、渐变色、图案或者图像。

### 3.1.1 使用颜色作为背景

使用纯色作为背景是最常用的一种操作方法。网页背景色的面积一般都比较大，在页面中属于非常重要的部分，所以需要考虑企业的性质及页面所要表达出来的氛围和意象合理选色。

例如，要表现清爽干净的感觉，可以选择天蓝色作为背景色；要表现深邃沉稳的感觉，可以选择黑色或深棕色作为背景色；要表现复古质朴的感觉，可以选择棕黄色或浅灰色作为背景色，如图 3-1 所示。

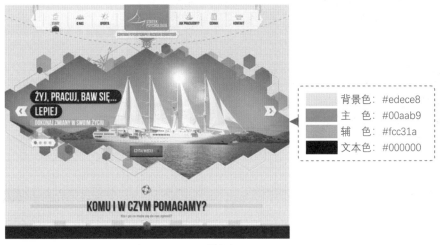

背景色: #edece8
主　色: #00aab9
辅　色: #fcc31a
文本色: #000000

图 3-1

渐变色可以实现两种或多种颜色柔和过渡的效果，用来作为网页的背景也是很不错的选择。如果使用得当，可以很好地强调页面的景深效果，使页面整体效果更加立体和丰满，如图 3-2 所示。

图 3-2

## 3.1.2 使用图片作为背景

　　一般来说，不提倡使用图片作为网页的背景，原因有二：第一，影响下载速度。纯色和渐变色的下载速度基本可以忽略不计，而图片却需要时间下载；第二，影响文字显示效果。颜色过于复杂的图片很可能会使局部文字难以辨认，降低文字的可阅读性。

　　那么什么样的图片适合作为背景呢？答案是颜色比较单一、色调柔和、内容简单的图片。这样的图片往往能够很好地衬托出页面中的其他重要元素，不会喧宾夺主，同时又能丰富页面效果，例如淡化的网页 Logo、蓝天白云和木纹等，如图 3-3 所示。

图 3-3

> **提示**
>
> 　　我们可以使用不同的调整手法将一张图片调整得更符合网页风格，比较常用的有模糊、压暗和改变色调等。如果要突出图片上的文字，可以像上图一样在文字下方涂抹一层半透明的颜色。

## 3.2　网页文字颜色

　　网页中的文字主要分为标题文字和正文文字，其中正文文字的面积通常比较大，且样式单一，它的颜色会对整体页面效果产生很大的影响。

### 3.2.1　文字的排版规则

网页中最重要的两个元素就是图像和文字，而大部分网页的主题信息部分都是文字，如图 3-4 所示。文字的主要目的就是明确地传达信息，所以要求有很高的阅读性。这意味着我们不能使用过多的装饰性元素去修饰它，这会使文字阅读起来很费力。

概括来讲，我们通常需要遵循以下规则，使页面的文字既易于阅读，又不会在视觉效果上打折扣。

- **对比：** 要从文字大小、颜色、粗细、明暗和疏密等各个方面对不同文字进行对比，使文字效果更丰满。
- **统一协调：** 文字的编排效果应该为网页整体效果服务，在确保整体协调性的前提下对局部进行对比。
- **节奏与韵律：** 在页面中重复使用有特征的文字造型，并按照一定的规律进行排列，就会产生强烈的节奏与韵律感，这有利于加强网页的专业性。

该网页中仅仅使用一些简单的图形和颜色，以文字为主，在形式和排列方法上变换排列方式，使页面看上去整齐、整洁且有趣味性。

图 3-4

### 3.2.2　文字配色要考虑可读性

比起图像或图形布局要素来，文字配色就需要更强的可读性和可识别性。所以文字的配色与背景的对比度等问题就需要多费些脑筋。很显然，文字的颜色和背景色有明显的差异，其可读性和可识别性就很强。这时主要使用的配色是明度的对比配色或者利用补色关系的配色。

> **提示**
>
> 使用灰色或白色等无彩色背景，其可读性高，与别的颜色也容易配合。但如果想使用一些比较有个性的颜色，就要注意颜色的对比度问题。多试验几种颜色，要努力寻找那些熟悉的、适合的颜色。

统一的配色，可以给人一贯性的感觉，并且方便配色。另外，在文字背景下使用图像，如果使用对比度高的图像，那么可识别性就要降低。这种情况下就要考虑图像的对比度，并使用只有颜色的背景。

### 3.2.3　文字大小与配色关系

实际上，要想在网页中恰当地使用颜色，就要考虑各个要素的特点。背景和文字如果使用近似的颜色，其可识别性就会降低，这是文字字号大小处于某个值时的特征，即各要素的大小如果发生了改变，色彩也需要改变。

网页文字设计的一个重要方面就是对文字色彩的应用，合理地应用文字色彩可以使文字更加醒目、突出，以有效地吸引浏览者的视线，而且还可以烘托网页气氛，形成不同的网页风格，如图 3-5 所示。

标题字号大小如果大于一定的值，即使使用与背景相近的颜色，对其可识别性也不会有太大的妨碍。相反，如果与周围的颜色互为补充，可以给人整体上协调的感觉。如果整体使用比较接近的颜色，那么就对想调整的内容使用它的补色，这也是配色的一种方法。网页中的文字色彩应和网页的功能、表现主题、文字内容结合起来考虑，如图 3-6 所示。

该网页使用深灰色的背景，白色的文字，极简式的网页设计风格，主题文字醒目、突出，且带有艺术效果。

该网页中标题文字较大，虽然与背景颜色没有构成鲜明的对比，但仍然清晰易识别，整体上给人以协调的感觉。

图 3-5　　　　　　　　　　　　　　　　图 3-6

### 3.2.4　确定应用网页配色的要领

色彩是很主观的东西，你会发现，有些色彩之所以会流行起来，深受人们的喜爱，那是因为配色除了着重原则以外，它还符合以下几个要素。

- 顺应了政治、经济、时代的变化与发展趋势，和人们的日常生活息息相关。
- 明显和其他有同样诉求的色彩不一样，跳脱传统的思维，特别与众不同。
- 浏览者看到后是不会感到厌恶的，因为不管是多么与概念、诉求、形象相符合的色彩，只要不被浏览者所接受，就是失败的色彩。
- 与图片、照片或商品搭配起来，没有不协调感，或有任何怪异之处。
- 能让人感受到色彩背后所要强调的故事性、情绪性和心理层面的感觉。
- 在页面上的色彩有层次，由于不同内容或主题，所适合的色彩不尽相同，因此在配色时也要切合内容主题，表现出层次感。

明度上的对比、纯度上的对比以及冷暖对比都属于文字颜色对比度的范畴。通过对颜色的运用能否实现想要的设计效果、设计情感和设计思想，这些都是设计好优秀的网页所必须注重的问题。

### 3.2.5　良好的网页文字配色

良好的网页文字配色有如下几个特点。

- **通过网页主色调决定文字颜色**：思考并解读如暖、寒、华丽、朴实感所代表的色调意义，依照网页的主色调选择一种主要的颜色。
- **确定文字在网页中应用的位置**：思考主要颜色应用在网页中的哪些位置比较合适，以营造出最佳的视觉效果。再选择第二、第三的辅助色彩。
- **思考文字在网页中的布局和对比关系**：在选择辅助色彩时，需要注意颜色的明暗、对比、均衡关系，同时在与主色调搭配使用时，需要考虑其面积大小的分配，如图 3-7 所示。
- **适当使用配色工具**：在配色过程中，最好能思考色彩间的关系，同时使用色盘作为对照工具，依照个人美感与经验进行微调。

该网页主色为黄色，使用深蓝色作为辅色，起到对整体页面主要内容进行衬托的效果，明暗对比较强，文字色使用与辅色相同的白色。

图 3-7

## ★ 配色案例 05：演艺团体售票网页配色

文字不仅可以快速而明确地传达设计者的意图和各种信息，还对版面美观度有着至关重要的作用，尤其是一些标题文字，如果能够巧妙合理地进行编排，并选用正确的颜色，可以大幅提升页面的艺术性和美观度。

| 案例背景 | 案例类型 | 演艺团体售票网页设计 |
|---|---|---|
| | 群体定位 | 艺术爱好者 |
| | 表现重点 | 体现优雅、奢华的艺术气息和柔和的风格，突出强调神秘与高端的艺术氛围，给人以理智、沉静的感觉 |
| 配色要点 | 主要色相 | 浅灰、卡其色、酒红色 |
| | 色彩印象 | 高端、艺术、沉静 |

| #af413a | #b1995b | #e3e1df |
|---|---|---|
| 主色 | 文本色 | 背景色 |

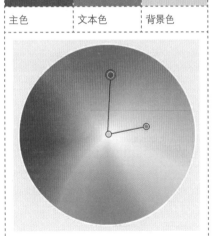

## 🔽 设计分析

① 整体结构简单，灰色的背景给人以优雅、高贵的感觉，卡其色的文字给人以低调、奢华的感觉，整体看上去有些神秘感。

② 酒红色的点缀成为整个页面的视觉中心，具有成熟的女性特色，给人以富丽、充实的色彩印象，整个网页使用有彩色和无彩色进行搭配，颜色只有两种，富有简约风范和艺术气息。

## 绘制步骤

第1步：插入背景图片。

第2步：添加主题文字。

第3步：继续添加文字，完成导航栏的制作。

第4步：添加其他文字内容。

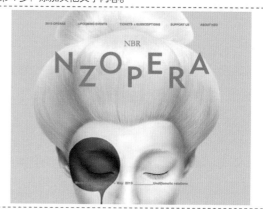

## 配色方案

| 冷寂 | | | 沉稳 | | |
|---|---|---|---|---|---|
| #9aafc6 | #c3e2cc | #d3d3d4 | #f18e1d | #e5a76b | #f0ebbb |

| 古典 | | | 品位 | | |
|---|---|---|---|---|---|
| #d7a86b | #9e4f1e | #584c9d | #c3aecb | #6b776c | #59af9a |

## 延伸方案

√ 可延伸的配色方案

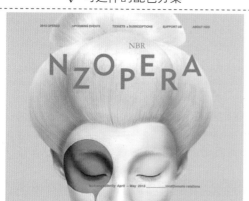

× 不推荐的配色方案

配色评价：

① 青绿色隐含着青色的清秀，给人生机盎然的力量感，同时也具有隐秘和藏匿的感觉，一些蓝色又能引人沉思。

② 搭配温和的卡其色，给人以坚定的感觉，同时具有奢华的氛围。

③ 灰色的背景与两种颜色搭配略显忧郁，使思绪越加沉静。

配色评价：

蔚蓝色文字的点缀面积虽小，但在整个页面中却成为唯一能抚慰人心灵的元素，黑色和紫色将整个页面渲染得过于沉重、神秘，显得忧虑过重，有一种濒危的视觉感受，让人产生距离感，不愿亲近。

**⤵ 相同风格应用于其他网页**

应用于快餐网页：

① 知名快餐品牌使用众人熟知的产品图片，直截了当，表达明确。

② 灰色构成的无色彩区域给人以岁月悠长的感觉，在体现艺术气息的同时彰显了悠久历史和传统地位。

应用于购物网页：

① 知名品牌的购物网页，用简单、幽默的风格直接表现它的客户群体和接纳范围。

② 深红色在体现热情的同时给人以典雅和奢华感。

## 3.3　网页中图片的使用

图片是网页中最重要的元素之一，图片的整体色调和精美程度会直接影响网页的美观度。网页中的图片主要分为焦点图和配图。

### 3.3.1　网页的焦点图

网页的焦点图是媒体宣传过程中的一种重要的推广方式，企业在网页首页版面添加带有自己企业 Logo 和产品介绍的图片，用户可以通过单击这些图片转到相应的页面，了解并购买该企业的产品，淘宝首页上各种品牌的小图就是最常见的例子。网页焦点图的最终目的是为了将浏览转化为购买力，如图 3-8 所示。

为了能够抓住浏览者的注意力，引导浏览并产生转化率，网页焦点图的用色不一定要非常艳丽，但一定要清晰简单，主题明确，精致美观。

焦点图中应该有非常明显的提示公司名称的 Logo 和文字类的元素，用来强化企业形象。此外，简洁有效的产品和活动叙述也是非常必要的。为了提升图像的美观度，应该将叙述文字提升到图像的高度进行设计，如图 3-9 所示。

该网页的焦点图是题目为"国内巡游季"的风
景图片，图片的左上角放置了企业 Logo 和
明显的促销广告语。

图 3-8

该网页中背景与文字使用简单的黑白搭配，
色彩鲜艳的美食图片为整个页面带来了艳
丽的效果，引起浏览者的食欲。

图 3-9

## 3.3.2 如何使用网页配图

网页中的配图是指面积比较小的产品图或者其他一些装饰性的图像和图形，如图 3–10 所示。
图片是网页中重要的元素，如果图片的使用不当，那么网页将会完全失去吸引浏览者的机会。网页
中的配图应该尽量符合以下条件。

- 内容简单，页面主题明确，背景不宜杂乱。
- 色调明亮，色彩艳丽。
- 要有适当的留白，这很重要。
- 大体色调要与页面整体色调协调一致。
- 尽量使用精美清晰的图片，这会提升页面的品质感。

很多时装类网页为所
有产品图片使用相同
颜色背景的极简风格，
这种风格使页面整体
显示效果协调一致，
能为浏览者带来极佳
的视觉体验。

图 3-10

## 3.4  网页中的线条与图形

合理地在网页中使用线条和图形，不仅可以大大增加页面的趣味性和艺术感，还可以大幅降低
页面加载时间，提升浏览者的体验。

## 3.4.1 在网页中使用线条

在设计和制作网页时，可以有选择地使用一些线条，或者将文字进行一些特殊的处理，使之呈
现曲线或直线的形状，这些线条会与版面中的其他元素一同构成总体的艺术效果。必须要合理地将

线条的动态走势、颜色搭配与整体效果相匹配，才能增加页面的魅力，如图 3–11 所示。

该网页中应用丰富的色彩，放置了曲线和直线线条，并将文字进行特殊的处理，使之呈现曲线的效果，使整个页面富有魅力。

图 3-11

　　线条分为直线和曲线，不同的线条会传达出不同的效果和感受，应该有选择地使用。直线能够表现出流畅、整齐、规则、挺拔和轮廓分明的感觉。直线的重复排列可以强化科学严谨、井井有条和泾渭分明的视觉效果，多用于比较庄重、严谨、科学和理性的页面题材，如图 3–12 所示。

　　曲线能够传达出灵活、流动、活跃和顺畅的动态感。曲线在页面上的重复使用可以强化富有活力、流畅、轻快活泼、无拘无束的视觉感受。一些青春、活泼和张扬个性的页面题材比较适合添加曲线，如图 3–13 所示。

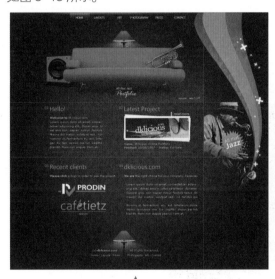

该网页中使用纵横交错的线条作为装饰。将页面分割成几部分，增加页面的空间感。线条采用了虚线，使整个页面轻松活泼，与红色、橘黄色相搭配，质感十足。

该网页在色相和明暗上对比强烈，呈现出活跃的气氛，曲线形状的加入强有力地增加了页面的灵活与动感，使整个页面富有活力。

图 3-12　　　　　　　　　　　　　　　　图 3-13

## 3.4.2　在网页中使用形状

　　图形和图像都是图片。与图像的刻画细节不同，图形更注重"形"，通过大幅度抽象和高度概括，将复杂的物体通过简单的线条和填充重新塑造为简单的图形。

　　形状大致可以分为直线段构成的多边形，以及由曲线构成的各种弧形，它们所传达的视觉感受也和直线、曲线类似。平直规则的多边形往往传达出规矩严谨的感觉，弧形则传递出灵动有活力的感觉，如图 3–14 所示。

该网页整体由各种形状构成，既包括简单的多边形，也包括曲线构成的各种弧形，各种元素构建成灵活有趣的插画，且插画外的文字与图形排版也十分精致，使整个页面简洁、大方且极具个性。

图 3-14

# 3.5 网页元素的色彩搭配

网页中的几个关键要素，如网页 Logo 与网页广告、导航菜单、背景与文字，以及链接文字的颜色应该如何协调，是网页配色时需要认真考虑的问题。

## 3.5.1 Logo 与网页广告的搭配

Logo 和网页广告是宣传网页最重要的工具，所以这两部分一定要在页面上脱颖而出。怎样做到这一点呢？可以将 Logo 和广告做得像象形文字，并从色彩方面与网页的主题色分离开来。有时候为了更加突出，也可以使用与主题色相反的颜色。如图 3-15 所示为 Logo 和广告相搭配的网页。

该网页使用咖啡色作为主色，黄色作为辅色，红色的 Logo 在整个页面中清晰可见，黄色的文字和装饰图形与底部页面颜色相呼应。整个页面内容高度契合，主体清晰可见。

图 3-15

## 3.5.2 导航菜单与整体页面的搭配

网页导航是网页设计中重要的视觉元素，它的主要功能是更好地帮助用户访问网页内容。一个优秀的网页导航，应该立足于用户的角度去进行设计，导航设计的合理与否将直接影响到用户使用时的舒适与否，在不同的网页中使用不同的导航形式，既要注重突出表现导航，又要注重整个页面的协调性。

导航菜单是网页的指路灯，浏览者要在网页间跳转，要了解网页的结构和内容，都必须通过导航或页面中的一些小标题。所以网页导航可以使用稍微具有跳跃性的色彩，吸引浏览者的视线，让浏览者感觉网页结构清晰明了，层次分明，如图 3-16 和图 3-17 所示。

该网页中的导航使用与主色一致的色彩，使整体页面协调，灵巧形象的表达形式使导航在页面中脱颖而出，极富趣味性。

图 3-16

该网页具有层次分明的空间感，同时极富艺术气息，格调高雅，导航的设计精致且清晰明了，使用了对比强烈的颜色吸引视线。

图 3-17

## 3.5.3　背景与文字的搭配

如果一个网页使用了背景颜色，必须要考虑到背景用色与前景文字的搭配问题。一般的网页侧重的是文字，所以背景可以选择纯度或明度较低的色彩，文字用较为突出的亮色，让人一目了然。

### 1. 突出背景文字

有时为了让浏览者对网页留有深刻的印象，设计师会在背景上做文章。例如一个空白页的某一个部分使用了大块的亮色，给人豁然开朗的感觉。为了吸引浏览者的视线，突出的是背景，所以文章就要显得暗一些，这样才能与背景区分开来，以便浏览者阅读，如图 3-18 所示。

该网页的背景与文字结合得十分生动，使用了浅灰色的背景，深灰色、浅蓝色及深蓝色作为文字色，灵活且协调，给浏览者以深刻的印象。

图 3-18

### 2. 艺术性网页文字

艺术性的网页文字设计可以更加充分地利用这一优势，以个性鲜明的文字色彩，突出体现网页的整体设计风格，或清淡高雅，或原始古拙，或前卫现代，或宁静悠远。总之，只要把握住文字的色彩和网页的整体基调，风格相一致，局部中有对比，对比中又不失协调，就能够自由地表达出不同网页的个性特点，如图 3-19 所示。

该网页中的文字使用了艺术变形处理，与形状相结合，形象地突出页面主题。

图 3-19

## 3. 链接文字

一个网页不可能只是单一的网页，文字与图片的链接也是网页中不可缺少的一部分。现代人的生活节奏相当快，不可能浪费太多的时间去寻找网页的链接。因此，要设置独特的链接颜色，让人感受到它的与众不同，自然而然去单击鼠标，如图 3-20 和图 3-21 所示。

这里特别指出文字链接，因为文字链接区别于叙述性的文字，所以文字链接的颜色不能和其他文字的颜色一样。

该网页的链接文字使用矩形线框作为引人注意的方式，以幽灵按钮的形式被放置在页面的中间位置。

图 3-20

当光标移动到链接文字处时，矩形框变成白色填充的矩形，文字颜色变成黑色。

图 3-21

突出网页中链接文字的方法主要有两种，一种是当光标移至链接文字上时，链接文字将改变颜色；另一种是当光标移至链接文字上时，链接文字的背景颜色发生改变，从而突出显示链接文字。

## ★配色案例 06: 快餐订餐网页配色

黄色有着十分强大的跳跃感，可以轻易地引起人们的注意，整个网页使用 2~3 种对比度强的颜色，可以非常直接地体现主题和内容，给人以迅速有效的印象。

| | 案例类型 | 快餐订餐网页设计 |
|---|---|---|
| 案例背景 | 群体定位 | 学生、上班族 |
| | 表现重点 | 局部黑色和大面积的白色搭配，页面对比强烈。加入明亮的黄色，增加食物口感的同时也增加了休闲感 |
| 配色要点 | 主要色相 | 黄色、白色、黑色 |
| | 色彩印象 | 鲜明、直接、引人注意 |

| #fdd100 | #ffffff | #000000 |
|---------|---------|---------|
| 主色 | 辅色 | 文本色 |

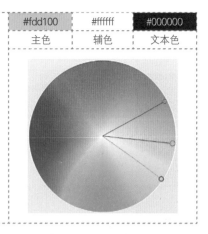

## 设计分析

① 网页使用从左至右三栏布局的方式，使用不同的颜色帮助区分，结构简单，使人一目了然。

② 无论是主题还是广告都表达得简单明确，整体页面简洁、大方，对比鲜明，给人以明快、方便、迅速的感觉。

## 绘制步骤

第 1 步：确认网页主色，创建整体布局，插入 Logo。

第 2 步：添加左侧的导航文字和形状。

第 3 步：绘制图标，插入文字和形状。

第 4 步：插入图片和文字，完成右侧信息栏的制作。

## 配色方案

| 灿烂 | | | 温柔 | | |
|------|------|------|------|------|------|
| #f7ab00 | #fff798 | #ee8ab4 | #fbd8ac | #f7ab00 | #f19cad |
| 新鲜 | | | 干脆 | | |
| #00aa72 | #fff463 | #aace37 | #fff463 | #e73656 | #0099ce |

## 延伸方案

√ 可延伸的配色方案                              × 不推荐的配色方案

配色评价：

红色给人刺激感，同样可以达到吸引注意力的效果，与黄色进行搭配能给人以增进食欲的感觉。

配色评价：

灰色降低了黄色的艳丽和炫目感，虽然一定程度上增加了一种雅致的感觉，但显得过于沉静。

## 相同色系应用于其他网页

应用于汽车轮胎网页：

① 明亮的鲜黄色本身就有运动的感觉，与沉静、安稳的黑色和深灰色搭配，给人活力四射又安全可靠的印象。

② 在黑色背景上使用白色文字，鲜明的对比可以提高浏览者的注意力，不会使文字内容被突出的黄色所淹没。

应用于俱乐部活动网页：

① 绿色和黄色虽然为邻近色，但艳丽程度和冷暖对比鲜明，加上明暗对比的处理，给人视觉舒适的明快感。

② 层次分明，黄色和白色应用灵活，红色面积虽然不大，但也很突出，给人以健康、活跃又不失激情浪漫的感觉。

# 第 **4** 章　网页配色的选择标准

色彩的搭配方式有很多种。人们由于行业、性别、年龄不同，而对色彩的喜好也不相同。设计师要根据不同的目标用户，设计出符合他们喜好的配色方案。这往往是网页成功的一个重要因素，本章将针对网页配色的选择标准进行讲解。

  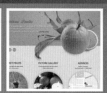  

## 4.1　根据行业选择配色

每个行业都有其适合的代表性颜色，例如看到医院就自然联想到白色和绿色，看到邮局就联想到绿色，看到化妆品就马上联系到粉红色和紫色。设计师如果将颜色应用到对应的网页上，那就能更快地建立品牌形象。如表4-1所示为不同行业的代表色系。

表 4-1　不同行业的代表色系

| 色系 | 代表行业 |
| --- | --- |
| 红色系 | 餐饮行业、服装百货、服务行业、数码家电、化妆品 |
| 橙色系 | 娱乐行业、餐饮行业、建筑行业、服装百货、工作室 |
| 黄色系 | 儿童、餐饮行业、房产家居、楼盘、饮食营养、工作室、农业 |
| 绿色系 | 教育培训、水果蔬菜、工业设计、印刷出版、交通旅游、医疗保健、环境保护、音乐、园林、农业 |
| 蓝色系 | 运输业、水族馆、渔业、观光业、加油站、传播、航空、进出口贸易、药品、化工、体育用品、航海、水利、导游、旅游业、冷饮、海产、冷冻业、游览公司、休闲业、演艺事业 |
| 紫色系 | 女性用品、化妆品、美容保养、爱情婚姻、社区论坛、奢侈品 |
| 粉红色系 | 女性用品、化妆品、美容保养、爱情婚姻 |
| 棕色系 | 电子杂志、博客日记、建筑装潢、工业设计、企业顾问、宠物玩具、运输交通、律师 |
| 黑色系 | 宇宙探索、电影动画、艺术、时尚、赛车跑车、摄影 |
| 白色系 | 财经证券、金融保险、银行、电子机械、医疗保健、电子商务、公司企业、自然科学、生物科技 |

在选定网页配色的时候，除了要以主观意识作为基础的出发点，还需要辅以客观的分析方法，如市场调查或消费者调查，在确定颜色之后，还要结合色彩的基本要素，加以规划，以便更好地应用到设计中，如图4-1所示。

该网页是非常知名的一家美食菜谱网页，使用淡黄色、蜂蜜色作为主色和辅色，总体上给人以清淡柔和的感觉，娇艳的粉色和淡黄色符合主要浏览群体女性的心理感受，作为苹果绿点缀色的加入给人新鲜、惬意的感受。

图 4-1

# 4.2 根据浏览者偏好选择颜色

设计者如果想在网页中恰当地使用色彩，就要从多个方面考虑色彩的实用性。首先，在设计网页之前必须要确定目标群体，即网页的浏览者，对浏览者有一些基本的了解，如年龄段、生活形态等，根据其特性找出目标群体对色彩的喜好以及可运用的素材，做好充分的选择，这对网页设计者来说是十分有帮助的，如图 4-2 所示。

该网页是一家女性购物网页，主要出售珠宝、护肤品和香水等高端产品，页面采用紫色作为主色，体现出端庄的格调，与温暖的橙色搭配演绎出奢华的特质，整体轮廓分明，结构简单，明艳而舒服。

图 4-2

## 4.2.1 根据性别选择颜色

在同样的目标群体中，也会因职业、年龄和生活环境等因素的不同而对颜色的偏爱有所不同，或是因国家、民族的不同而有所差异。

同样的颜色，在不同的时代或流行的趋势下，浏览者也会对其产生不同的观感，例如在过去，大多数人不喜欢黑色，认为它是不吉利、暗沉的象征，只有丧事才会使用，但是随着时代的发展和变化，黑色已经成为高雅、品质的象征，如图 4-3 所示。

随着时代的发展，护肤品和保养品已经不是女性的专属，该网页是英国一家著名的男性时尚生活购物网页，使用黑色和灰色作为主色和辅色，茶色作为点缀色，体现出绅士般的高贵品质以及给人以奢华的印象。

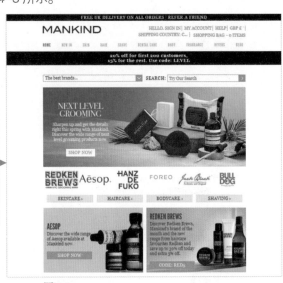

图 4-3

## 4.2.2　根据年龄阶段选择颜色

不同年龄阶段的人对颜色的喜好有所不同，例如老人通常偏爱灰色、棕色等，儿童通常喜爱红色、黄色等，如图 4-4 和图 4-5 所示。

这是提供健康医疗保健服务的网页，页面中不同层次的灰色，既体现了黑色的坚毅，又呈现出白色的洁净，搭配较浅的孔雀蓝，给人一种沉着、冷静的印象，同时不失高雅和尊贵。

该网页整体使用红色和黄色搭配，给人欢快、愉悦和兴奋感，深灰色和蓝色为整体添加了一些品质和层次，体现出品牌的高端和优质感。

图 4-4　　　　　　　　　　　　　　　　图 4-5

## ★配色案例 07：花店网页配色

杏黄色，从字面意义上理解，就是杏子的颜色。它有着孩子般天真烂漫、纯洁无邪的特性，让人不由得平心静气，产生一种舒适的感觉。

| 案例背景 | 案例类型 | 网上花店网页设计 |
| --- | --- | --- |
| | 群体定位 | 花艺爱好者 |
| | 表现重点 | 使用杏黄色搭配淡雅而清新的色彩，营造一种散发着花草气息的典雅、浪漫的感觉 |
| 配色要点 | 主要色相 | 棕色、杏黄色、绿色 |
| | 色彩印象 | 温馨、艺术、古韵 |

| #8c4331 | #558f01 | #000000 |
| --- | --- | --- |
| | #d78a08 | |
| 主色 | 辅色 | 文本色 |

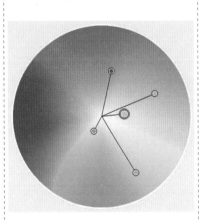

**设计分析**

① 该页面中运用的色彩比较多，但经过合理排版，丰富的色彩为页面营造出华丽的气氛，同时又不会显得杂乱无章。

② 整个页面使用杏黄色作为背景，体现出明快氛围的同时，给人以清新、愉快的感觉。用散发着陈旧气息的褐红色图片作为主色，营造了一种经典而又浪漫的气氛。

③ 页面上下有两个绿色的 Logo 图片，虽然颜色比主体颜色还要突出，却也散发出令人向往的田园风味，同时活跃了整个页面的气氛。深灰色文字在突出主题的同时，增加了颜色的质感，营造出一种质朴的氛围。

**绘制步骤**

第1步：填充渐变背景。

第2步：插入图标和导航条形状。

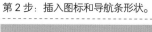

第3步：插入导航文字和主题图片。

第4步：继续插入图片和形状，输入文字，完成网页制作。

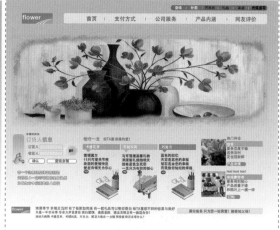

**配色方案**

| 和谐 | | | 愉快 | | |
|---|---|---|---|---|---|
| #e5a96b | #ffe67a | #f9c14b | #81cddb | #e6cbe2 | #e5a96b |
| 丰富 | | | 鲜嫩 | | |
| #f29b7e | #e5a96b | #ffe67a | #ffe43f | #e5a96b | #c3d94e |

## 📥 延伸方案

√ 可延伸的配色方案　　　　　　　× 不推荐的配色方案

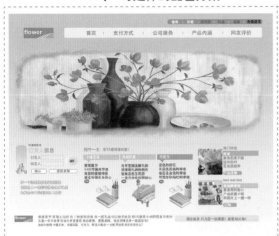
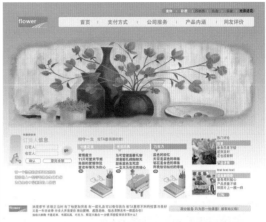

配色评价：

可以将朴素的黄色换为娇嫩柔美的粉红色，这种颜色比黄色更能代表鲜花，更能构建娇美的形象。

配色评价：

西瓜红是一种成熟了的西瓜果肉的颜色，属于暖色系，颜色非常明亮，给人一种柔和的感觉。但是用在此处，与作为标志色的绿色显得很不和谐，且艳丽得有些俗气。

## 📥 相同色系应用于其他网页

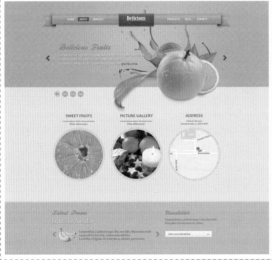

应用于水果销售网页：

① 以杏黄色作为整个网页的背景色，与明度较高的浅黄色进行调和，页面非常融洽而不显单调，很好地突出了主题图片，与主题图片色调也是相近的，故不会有明显的突兀感。

② 以浅色为铺垫，搭配深色的文字，其范围小但分布较分散，达到一种突出而不突兀的视觉效果，赋予了网页生命力。

③ 页面顶部的小块深红色作为辅色，与下半部分的文字相呼应，达到统一页面的效果，使整个页面看起来不会显得头重脚轻。

应用于业务推广网页：

① 整个网页使用杏黄色作为背景色，呈现出质朴、单纯的感受。

② 以视觉刺激耀眼而强烈的橙色作为主色，与明度纯度较低的杏黄色背景形成鲜明的对比，突出了主题。

③ 将明度较低的深棕色作为辅色，按同色系不同明度和纯度的变化分布于整个页面的上、中、下，形成了一个稳定的格局。页面文字颜色与其铺垫颜色形成鲜明的对比，为整个页面增加了活跃的气氛。

# 4.3 根据季节选择颜色

　　人类会因为明亮的光线而感受到活力，就像植物沐浴在阳光中成长一样，只要是生物，对光都会有敏感性，离开光就无法生存。大自然可以分为四季，从某种意义上讲，人类也可以被分为四季。

　　人体的体色有六大特征，即冷、暖、浓、淡、鲜、浊。我们把人体的六大特征和四季的变化相结合分为春、夏、秋、冬四季。如图 4-6 和图 4-7 所示为根据季节选择的颜色搭配。

> 该网页是位于哥伦比亚的一个滑雪圣地的官方网页，冬季是该地区的旅游旺季，网页中使用棕色和浅茶色的搭配，与主图色彩相融合，展现出大自然的氛围，给人以安定、踏实和亲切的感觉。

图 4-6

> 该网页是夏威夷旅游的官方网页，作为四季常青的旅游胜地，永远都是夏季的茂盛气息，大自然的蔚蓝色和绿色构成了页面中的主要部分，彰显出豪迈、广阔、深远的景象。网页中导航使用较深的湖蓝色，以及白色的背景，给人以明亮、凉爽的感受。

图 4-7

## ★ 配色案例 08：饮料网页配色

　　稚嫩的卡通、插画或糖果色运用在网页设计中，会让人体验到童真的美好。色调较为明亮的纯色既温和又娇艳，给人以柔嫩、优雅、可爱的感觉，又像儿时收集的糖纸，给人以纯真、美好的印象。

| | | |
|---|---|---|
| **案例背景** | 案例类型 | 牛奶饮品网页设计 |
| | 群体定位 | 儿童、青少年、健康爱好者 |
| | 表现重点 | 整个页面给人活泼可爱的印象，充满趣味性、节奏感和欢乐的气氛 |
| **配色要点** | 主要色相 | 玫瑰粉、蔚蓝色、苹果绿 |
| | 色彩印象 | 温暖、轻松、自然 |

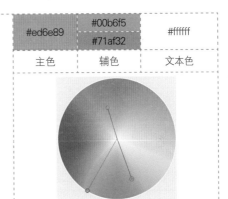

| #ed6e89 | #00b6f5 | #ffffff |
| | #71af32 | |
| 主色 | 辅色 | 文本色 |

### 设计分析

① 娇媚的玫瑰粉像少女般天真、纯洁，娇柔而明艳，给人温暖、幸福的感觉，很容易打动人心。

② 蔚蓝色、玫瑰粉和苹果绿都是年轻、可爱的颜色，给人以轻松、自然、健康向上、优美恬静的美好印象。

③ 3 种纯度适中、明快柔和的颜色与白色搭配，给人以纯真、简单、精力充沛的印象，生动地体现了纯真与浪漫相融合的美妙感觉，非常具有感染力，能够有效吸引浏览者的兴趣。

### 绘制步骤

| 第 1 步: 填充背景，插入 Logo。 | 第 2 步: 插入主题图片和插画。 |
| --- | --- |
|  |  |
| 第 3 步: 绘制形状，插入文字，制作按钮。 | 第 4 步: 插入文字和图片。 |
|  |  |

### 配色方案

| 浪漫 | | | | 愉快 | |
| --- | --- | --- | --- | --- | --- |
| #c6bfdf | #fce2c3 | #e95072 | #e95072 | #fee290 | #f9c062 |
| 丰富 | | | | 鲜嫩 | |
| #fef8a95 | #7276b1 | #db6b9a | #db6b9a | #f7c7ce | #ef8a95 |

**延伸方案**

√ 可延伸的配色方案　　　　　　　　　　　　× 不推荐的配色方案

**配色评价：**

将玫瑰粉替换为蔚蓝色，虽然少了一些娇柔之美，却多了许多爽朗和透彻，不失可爱的同时体现了纯真、清爽，给人轻松、舒适的感觉，与白色搭配，仿佛看到了透彻而广阔的天空，如同坐看云卷云舒，可以安抚人们的心灵。

**配色评价：**

红色常用于食品中，很多时候会与蓝色和绿色搭配，给人艳丽和刺激感，可以引起人的食欲，但是用在此处总会给人一种紧张的感觉，压抑了糖果色搭配带给人的活跃、欢快的气氛。

**相同风格应用于其他网页**

**应用于彩妆用品网页：**

① 中等亮度的明度和纯度总是给人明艳动人的感受，经常被用在女性主题的设计中，页面中丰富多彩的组合、灵动、优美、靓丽，同时也体现了产品多样化的特点。

② 淡雅的背景衬托出多种色彩的丰富，给人以愉悦的感受，就如同多姿多彩的青春一般扣人心弦。

**应用于母婴用品网页：**

① 明度较高的绿色，如春天的气息般给人以滋长的萌动印象，蕴含着无限的美好和想象。

② 整个页面对比元素较多，但不会给人带来视觉上的不适，整个页面呈现出一种淡雅、清新的感觉。

## 4.4　根据商品销售阶段选择配色 🔍

　　色彩堪称世界性语言，在市场日趋成熟、竞争品牌林立的大环境中，要使你的品牌具有明显区别于其他品牌的视觉特性、更富有魅力、刺激和指导消费者，以及增加消费者对品牌形象的记忆，色彩语言的运用极为重要。

　　色彩也是商品重要的外部特征，决定着产品在消费者脑海中是去是留的命运，而色彩为产品创造的高附加值的竞争力更为惊人。在产品同质化趋势日益加剧的今天，如何让你的品牌第一时间"跳"出来，快速锁定消费者的目光，色彩在其中扮演着重要的角色。

### 4.4.1　商品的导入期

　　新的商品刚刚推入市场，还没有被大多数消费者所认知，消费者对新商品需要有一个接受的过程，如何才能够强化消费者对新商品的接受程度呢？为了加强宣传的效果，增强消费者对新商品的记忆，在新商品宣传网页的设计中，尽量使用色彩艳丽的单一色系色调为主，以不模糊商品诉求为重点，如图 4-8 所示。

该网页是保健和营养新产品推广网页。为了加强宣传效果，图片背景使用多层次的绿色，在灰色的页面背景中脱颖而出，与产品包装的主色调高度统一，搭配白色的文字显得格外突出。

图 4-8

　　现代社会宛如信息的海洋，随时都有排山倒海的信息汹涌而来，消费者置身其中，往往茫然不知所措，能让其在瞬间接受信息并做出反应，第一是色彩，第二是图形，第三才是文字。

### 4.4.2　商品的拓展期

　　经过了前期对商品的大力宣传，消费者已经对商品逐渐熟悉，商品也拥有了一定的消费群体。在这个阶段，不同品牌同质化的商品也开始慢慢增多，无法避免地产生竞争，如何才能够在同质化的商品中脱颖而出呢？这时候商品宣传网页的色彩必须要以比较鲜明、鲜艳的色彩作为设计的重点，使其与同质化的商品产生差异，如图 4-9 所示。

　　色彩的定位会突出商品的美感，使消费者从产品的外观和色彩上看出商品的特点，从色彩中产生相应的联想和感受，从而接受产品，如图 4-10 所示。

该网页中主要展示家居布艺用品，正处于购买热潮的来临之际，使用温馨雅致的布景衬托产品的优秀品质，使用鲜嫩甜美的粉色作为重点色，直观地表达了该系列产品主要定位于青少年女性消费群体。

该网页使用蓝色作为主色，搭配粉色和绿色多种色彩，给人舒适、轻松和精力充沛的感觉。与面对的青少年消费群体和产品风格一致。红色在页面中明显突出并给人火热的感觉。

图 4-9　　　　　　　　　　　　　　图 4-10

### 4.4.3 商品的成熟期

经过不断发展，商品在市场中已经占有一定的市场地位，消费者对该商品也十分了解了，并且该商品拥有一定数量的忠实消费者。在这个阶段，维护现有顾客对该商品的信赖就会变得非常重要，此时在网页设计中所使用的色彩必须与商品理念相吻合，从而使消费者更了解商品理念，并感到安心，如图 4-11 和图 4-12 所示。

深蓝色本身就会给人一种身临其境的感觉，搭配较亮的蓝色和黑色，形成斑驳的背景，彰显出品质和地位，浅灰色和黑色的搭配更能体现雅致高端的格调，多种艳丽的色彩搭配富有趣味性，犹如童话般绚丽多彩，高度迎合了该品牌的产品理念。

图 4-11

低明度的深蓝色给人以老练、沉稳和安定的感觉，并且起到了加重红色产品的突出印象，使白色的文字主体更加清晰明显，深灰色提高了产品的档次，给人以经久不衰的坚韧感。

图 4-12

### 4.4.4 商品的衰退期

市场是残酷的，大多数商品都会经历一个从兴盛到衰退的过程，随着其他商品的更新，更流行的商品出现，消费者对该商品不再有新鲜感，销售量也会出现下滑，此时商品就进入衰退期。这时要维持消费者对商品的新鲜感，便是最大的重点，这个阶段网页所使用的颜色必须是流行色或有新意义的独特色彩，将网页从色彩到结构做一个整体的更新，重新唤回消费者对商品的兴趣，如图 4-13 所示。

高纯度的红色和白色搭配，强烈地吸引了浏览者的注意，同样引导人注意的是背景和文字的黑白搭配，同时也对产品起到了衬托的作用，整体非常直观且吸引注意力，让人感觉到张扬和力度。

图 4-13

# 4.5　根据用户心理效应选择颜色

　　设计者想让制作出的网页传达什么样的形象，给人什么样的感觉，与色彩的选择有很大的关系。

　　色彩有各种各样的心理效果和情感效果，会引起各种各样的感受和遐想。例如看见绿色的时候会联想到树叶、草地，看到蓝色时会联想到海洋、水。无论是看见某种色彩或是听见某种色彩名称的时候，心里都会自动描绘出这种色彩带给我们的或喜欢，或讨厌，或开心，或悲伤的情绪，如图 4-14 所示。

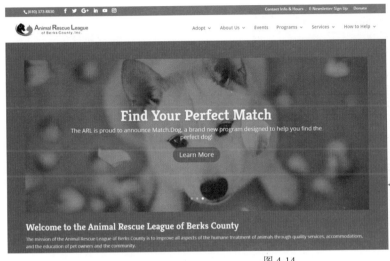

该网页是为流浪宠物寻找主人的公益网页，沉静、理智的深蓝色与灰色搭配，体现出一种忧郁感，粉红色的多情和白色的纯净试图在整个页面中唤起浏览者的爱心，在表达悲伤的同时添加了温馨的感觉。

图 4-14

　　这种对色彩的心理反应、联想到的东西多半与每个人过去的经历、生活环境、家庭背景、性格、职业等有着密切的关系，虽然每个人都会有所差异，但在设计网页时，仍需要以大多数人的联想为依据，这样可以避免产生较大的形象误差，如图 4-15 所示。

红色和绿色是很难把握的色彩搭配，然而这样的搭配却有着独特的美。这是一个种子推广售卖网页，大胆地使用了红和绿的搭配，使用渐变和黄绿色融合与衔接，呈现了绿叶配红花的淳朴与自然，给人以红香绿玉的美感。

图 4-15

## ★配色案例 09：汽车公司网页配色

　　红色是热血澎湃的颜色，明度较低的暗红色会增添几分成熟感和高端品位，与灰色或黑色的无彩色系搭配，降低了一些艳丽的感觉，给人以低调、奢华的印象。

| 案例背景 | 案例类型 | 汽车展示网页设计 |
| --- | --- | --- |
| | 群体定位 | 汽车消费者 |
| | 表现重点 | 体现高端、优雅的同时兼具热情、向上的印象，同时富含科技、创新和与时俱进的感觉 |
| 配色要点 | 主要色相 | 暗红色、深灰色 |
| | 色彩印象 | 高端、成熟 |

| #931610 | #dbb337 | #ffffff |
| --- | --- | --- |
| 主色 | 辅色 | 文本色 |

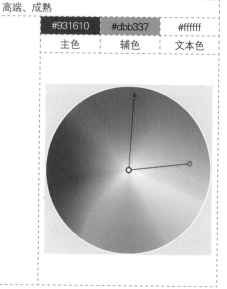

### ⬇ 设计分析

① 暗红色是该汽车品牌的标志色，使用暗红色作为背景色中的主要部分，体现出高端、卓越、成熟、稳定的特征，既诠释了红色的激情与火热的特性，又符合品牌传递的产品特征，同时给人以传统、稳定的印象。

② 使用接近深灰色的黑色作为背景，与黑色相比不会给人过硬的感觉，品质中多了些婉约的成分，稍显柔和。与白色的搭配能够提高浏览者对该内容区域的重点关注。

③ 在主图中同时使用暗红色作为点缀色，与标志和背景高度统一，体现了少即是多的设计理念，主图中的浅灰色、浅蓝色、杏黄色等色彩，在暗红色的围绕下更加突出主体产品的特征，标题文字也用暗红色，仍是整体高度统一并协调一致的体现。

### ⬇ 绘制步骤

| 第1步：创建整体布局，插入Logo。 | 第2步：绘制形状，插入文字，制作导航栏，插入主题图片。 |
| --- | --- |
|  |  |

第 3 步：在主图上插入形状和主题文字。

第 4 步：继续插入其他图片和文字。

## 配色方案

| 辽阔 | | | | 强烈 | |
|---|---|---|---|---|---|
| #7d0200 | #050505 | #d70303 | #5d682c | #fe9804 | #a00b07 |

| 优雅 | | | | 漂亮 | |
|---|---|---|---|---|---|
| #bbbbbb | #ccaa55 | #960000 | #780019 | #912d46 | #c01430 |

## 延伸方案

√ 可延伸的配色方案

× 不推荐的配色方案

配色评价：
将暗红色替换成黄绿色，整个页面看起来不再沉闷，给人一种轻松活泼的感觉。同时小面积的补色可以让浏览者第一眼就看到想要展示的内容。

配色评价：
将页面中间的暗红色用底部的深灰色替代，整个页面被切分为两部分。底部没有能与顶部颜色相对称的颜色。所以页面整体较灰暗，主题不突出，不能很好地展示产品特性，吸引用户浏览。

### ⬇ 应用于相同行业不同风格的网页

应用于越野车网页：

① 绿色和蓝色都是天然的颜色，体现了大自然的轻快、明朗与豪迈，适当降低颜色的明暗度，会增加页面的对比度，显得更加活跃，并给人以柔和、轻松的感觉。

② 下半部分用图片作为背景，加重强调产品特征，使人感觉到自然的气息，加重产品特点的表现力，提醒浏览者这是为跨越大自然而生的产品理念。

③ 虚化背景有助于产品的展示，争夺浏览者的一些注意力在产品展示的范围，加强重点表达的内容，使用浅灰色会增加产品的品质感，使页面较暗的蓝色和绿色融为一体，增强整体页面的协调感。

应用于高端商务车网页：

① 深棕色给人以安全、安定、安心的感觉，彰显出踏实、稳定，在页面中与黑色斜切过渡，增加了神秘感和品质感，使较为暗淡的主图显得绚丽多姿、光彩夺目，起到了很好的衬托作用。

② 使用深亚麻色作为背景色，给人以低调、含蓄的印象，与白色的文字搭配加重了这一印象，不会过于强烈和强硬，具有柔和、亲切的感觉。

③ 使用紫红色作为点缀色，增加了女性的特征，是为产品扩大消费群体市场的手段，红紫色在整幅页面中面积虽小，却有着较高的吸引浏览者目光的作用，显得优雅而别致。

# 第 5 章 网页配色的色彩情感

冷暖色调是人们对色彩的心理感受，色彩学上根据心理感受，将颜色分为暖色调（红、橘、黄）、冷色调（青、蓝）和中性色调（紫、绿、黄、黑、白）。在设计中，冷暖色调分别给人以距离/亲密、凉爽/温暖之感，搭配复杂的颜色要根据具体组成和外观来决定色性。

## 5.1 网页配色的冷暖

冷暖本来是人体皮肤对外界温度高低的感觉。太阳、炉火、烧红的铁块等本身温度很高，它们发出的红橘色光有导热的功能，光能到的地方，可以使空气、水和其他的物体温度升高。人的皮肤被这种光线照射，可以感觉到温暖。如图 5-1 所示为一款运用了暖色搭配的网页作品。

> **提示**
>
> 网页通过表面色彩给人以温暖、凉爽、寒冷的感觉，一般来说，自然界的冷暖感是由感觉器官触摸物体来感受的，但是色彩的传递被赋予了不一样的含义，物体借助色彩可以给人不一样的温度。

大海、天空、雪地等环境是蓝色光，人们在这些地方会感觉到比较冷，如图 5-2 所示为一款运用了冷色搭配的网页作品。这些生活经验的积累，使人的视觉、触觉与心理活动之间具有一种特殊的且常常下意识的联系。视觉变成了触觉的先导，无论光源色还是物体色，在生理上或者心理上由于意识的惯性而引起相应的条件反射。

红色和白色的搭配，最简单、最分明又惹人喜爱。网页中大面积的红色给人鲜艳、热情的感觉，加入白色的干净和纯洁，使整个页面看上去简单、直接、无瑕、可爱。

该网页中大面积的蓝色给人理性、冷静的印象，蓝色的明暗度渐变和融合让人联想到广阔的海洋，给人有一种清澈、舒畅的视觉感受。

图 5-1                                图 5-2

一般大家会认为红、橘、黄是暖色调，蓝、绿、紫是冷色调，其实这是不确切的，在色彩体系中颜色都有冷暖之分，那么怎样来划分呢？众所周知，太阳光能给人带来温暖，久而久之，当人们看到红色、橘色和黄色也相应产生温暖感，海水和月光使人感觉清爽，于是人们看到青色或青绿色类的颜色，也相应会产生凉爽感。

> **提示**
>
> 色彩的温度感不过是人们的习惯反应，是人们长期实践的结果，人们不能孤立判定色彩的冷暖，至少要有两种颜色一起比较。其实冷暖色调的区别是在对比中产生的，是一种主观上的感觉。而对颜色冷暖的判断是根据色彩的意象特征来确定的。冷暖即色性，这是心理色彩产生的感觉。

## 5.2 轻与重的色彩感觉

各种色彩给人的轻重感不同，从色彩得到的重量感是质感与色感的复合感觉。浅色密度小，有一种向外扩散的运动现象，给人一种质量轻的感觉；深色密度大，给人一种内聚感，从而产生质量重的感觉。

色彩的轻重主要与色彩的明度有关。明度高的色彩使人联想到蓝天、白云、棉花等，产生轻柔、漂浮、上升、敏捷、灵活等感觉，如图 5-3 所示。明度低的色彩使人联想到钢铁、大理石等，产生沉重、稳定、降落等感觉，如图 5-4 所示。

网页背景中明度较高的蓝色和白色让人有一种漂浮上升的感觉，给人一种乐观向上的印象，蓝色从上到下色彩重量感减轻的过渡，让人产生一种悬浮于空气中的感觉，使人心情愉悦、舒适。

图 5-3

网页中的大面积低明度的蓝色首先给人的印象是静谧、低沉、深邃，小面积高明度的点缀和渲染让整个页面充满了立体感和空间感，让人感觉到神秘和变幻莫测，使人充满探索欲望。

图 5-4

## 5.3 明度与纯度的质感

色彩的软硬主要来自色彩的明度，但与纯度也有一定的关系，主要还是看搭配。明度越高感觉越软，明度高、纯度低的色彩有柔软感，中纯度的色彩也呈现柔软感，如图 5-5 所示。色彩纯度越低则感觉越硬，如果明度也低，则硬感更明显，如图 5-6 所示。

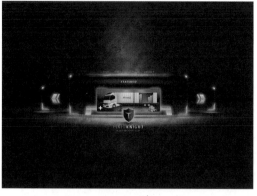

该网页中的浅黄色和白色对比较弱，虽然有明度较暗的黄色，但因为与浅黄色的过渡和融合显得缥缈而柔软，给人一种迷雾般的朦胧意境。

黑色及蓝黑色带有一种深沉和理性，背景使用不同明暗度的黑色进行配色，让人有一种坚硬的印象。明艳的黄色在整片暗沉中显得非常突出，鲜明的对比使整个页面更加硬朗。

图 5-5

图 5-6

## ★配色案例 10：商务网页配色

页面中的苹果绿色与深紫色形成强烈的对比，视觉上给人一种强烈的刺激感，使页面更加华丽与充实。

| 案例背景 | 案例类型 | 工作室网页设计 |
| --- | --- | --- |
| | 群体定位 | 客户群体 |
| | 表现重点 | 苹果绿色在深紫色的衬托下，显得更加生机勃勃，让人脑海中呈现初春乍暖、万物复苏的美妙景象 |
| 配色要点 | 主要色相 | 绿色、深紫色、浅灰色 |
| | 色彩印象 | 生动、复苏、有活力 |

| #9dc92a | #201827 | #cbcbcb |
| --- | --- | --- |
| 主色 | 辅色 | 文本色 |

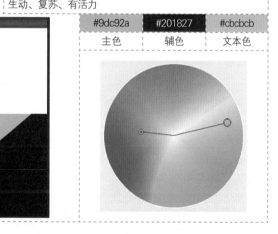

### 设计分析

① 绿色是深受欢迎的颜色之一。苹果绿是由黄色与青色调和而成的色彩，由于包含的黄色较多，给人活泼的感觉，在网页中适合表现健康活力的形象，或者壮观的自然景象。

② 清新的苹果绿与神秘的深紫色搭配，产生华丽而又刺激的视觉碰撞，使绿色更加生机勃勃，紫色更加睿智内敛。

③ 白色的文字与深色背景形成强烈的对比，给人一种干净利落的印象，让人感觉亲近、柔和、舒服。

**绘制步骤**

第1步：创建页面的主要版块结构，插入 Logo。

第2步：插入图片，创建蒙版，输入文字。

第3步：为页面下半部分添加形状和色块。

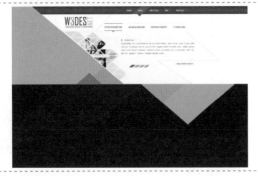

第4步：插入文字和形状，完成信息栏的制作。

**配色方案**

| 萌动 | | | 幼稚 | | |
|---|---|---|---|---|---|
| #ffff99 | #aacf52 | #cccc00 | #f1958c | #aacf52 | #f2eb3d |

| 温馨 | | | 生长 | | |
|---|---|---|---|---|---|
| #f5b199 | #bad693 | #d2cce6 | #f8f398 | #fdd000 | #b8d200 |

**延伸方案**

√ 可延伸的配色方案

× 不推荐的配色方案

配色评价：
蓝色是很常用的商务色，这种明艳的冷色能够更好地表现出空旷、冷静和睿智的感觉，使页面更具说服力。

配色评价：
红色可以使页面热情洋溢，但是当大面积使用并与深紫色搭配时，会给人一种烦躁的感受，过于生硬的衔接会使人产生对抗的情绪。

相同色系应用于其他网页

应用于健身类网页：
新鲜、明快的苹果绿与同色系搭配，展现出积极向上的动力，有一种鲜活的气息，给人一种惬意的感觉，与少许的黑色和红色搭配，有一种蓄势待发的力量。

应用于户外娱乐网页：
该网页使用大面积的苹果绿，使人心情舒畅，优雅、轻松的氛围中流露出一种强大的生命力，给人鼓舞的力量。与高明度的白色搭配，使页面更加具有艺术感。

## 5.4　波长和成像的进退感

各种不同波长的色彩在人眼视网膜上的成像有前后之分，红色、橙色等光波长的颜色在视网膜之后成像，感觉比较迫近；蓝色、紫色等光波短的颜色则在视网膜之前成像，在同样距离内感觉就比较后退。实际上这是一种视觉错觉。

一般暖色、纯色、高明度色、强对比色、大面积色、集中色等有前进感，如图 5-7 所示。与颜色的前进感相反，冷色、浊色、低明度色、弱对比色、小面积色、分散色等有后退的感觉，如图 5-8 所示。

发暗的灰黄背景使铺在上面的一层红色更加显眼，给人以紧张的感觉，使人有紧迫感，红色中明暗与纯度的对比，增加了激烈感和警示的感受。

蓝色背景给人以冷静、客观、慎重的印象，黑色的背景给人一种神秘、冷静的形象，主题图片内容上的浊色调让页面产生一种后退感。

图 5-7

图 5-8

## 5.5　膨胀与收缩的视觉感应

由于色彩有前后的感觉，因此暖色、高明度颜色等有扩张、膨胀感，如图 5-9 所示。冷色、低明度颜色等有收缩感，如图 5-10 所示。

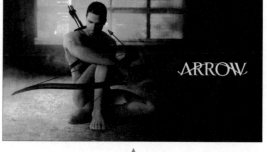

该网页中的红色、橙色、黄色，大部分都有较高的明度，使整个页面有一种扩张、膨胀、爆发的动感。

图 5-9

该网页中大范围使用了冷色调，既突出了内容，又造成了页面的收缩感，使整个页面精练、简明。

图 5-10

## 5.6 色彩的华丽感与朴实感

色彩的三要素对华丽及质朴感都有影响，其中纯度关系最大。明度高、纯度高的色彩，丰富、强对比的色彩使人感觉华丽、辉煌。但无论何种色彩，如果带上光泽，都会获得华丽的效果，如图 5-11 所示。明度低、纯度低的色彩，单纯、弱对比的色彩感觉质朴、素净，如图 5-12 所示。

该网页中的色彩丰富、纯度较高，虽然被黑色占据了大部分空间，但与鲜明亮丽的色彩形成鲜明的对比，呈现出华丽的效果。

图 5-11

该网页中的色彩明度和纯度较低，对比较弱，几道亮丽的色彩在深灰色的背景中暗淡了许多，整体给人淡泊、素雅的感觉。

图 5-12

### ★配色案例 11：搜索引擎网页配色

本案例制作了一款非常时尚而美观的搜索引擎主页。页面采用浅灰色作为背景，艳丽的紫色分别被布局在页面左边、中部和右边，但由于面积和形状不规则，所以并没有常规对称布局带来的静止、呆板的感觉。

| 案例背景 | 案例类型 | 搜索引擎页面设计 |
| --- | --- | --- |
| | 群体定位 | 网页浏览者 |
| | 表现重点 | 页面中采用了大量的紫色，烘托出页面的神秘感。通过搭配高亮度的绿色和天蓝色，增加了趣味感 |
| 配色要点 | 主要色相 | 紫色、天蓝色、绿色 |
| | 色彩印象 | 热闹、精彩、激情 |

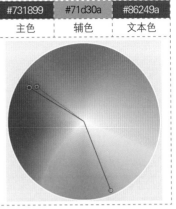

| #731899 | #71d30a | #86249a |
|---------|---------|---------|
| 主色 | 辅色 | 文本色 |

## 🔵 设计分析

① 使用浅灰色作为背景，确定理性而轻松的基调。小面积的紫色分别出现在页面的左侧、中央和右侧，在面积和位置上得到了很好的平衡与呼应。嫩绿色和青色等颜色巧妙中和了紫色的忧郁和阴暗。

② 整个页面中文字的作用已经被削弱到了最低，卡通风格的图片是页面最抓眼球的元素，整个页面效果轻松而又趣味盎然。

## 🔵 绘制步骤

第 1 步：填充灰色的背景颜色，插入 Logo，制作页面导航。

第 2 步：插入素材图片，创建页面的基本结构。

第 3 步：输入标题文字，绘制箭头图形，区分页面功能。

第 4 步：继续完善页面内容，制作页面的版底内容。

## 🔵 配色方案

| 艳丽 | | | 亮丽 | | |
|------|------|------|------|------|------|
| #351a4f | #f8b600 | #65398f | #fff100 | #65398f | #34bac9 |
| 明晰 | | | 淘气 | | |
| #cfdc29 | #65398f | #e95471 | #d6006f | #65398f | #00aacb |

↘ **延伸方案**

√ 可延伸的配色方案　　　　　　　　　　× 不推荐的配色方案

配色评价：

可以将页面背景换成高纯度或高明度的青色，这样不仅不会破坏原始效果，还可以降低灰色平淡的感觉，为页面增添更多的活力和清爽感，给浏览者带来更多视觉上的满足。

配色评价：

大面积的水蓝色给人清爽怡人的感觉，但颜色太过单一，在衬托主图的同时也有降噪的作用，显得页面过于沉静。

↘ **相同色系应用于其他网页**

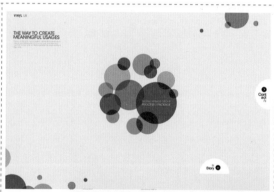

应用于服装鞋帽类网页：

① 使用艳丽的紫色作为背景，营造出一种华丽而又沉静的氛围。

② 高纯度的颜色不仅可以最大限度突显出前景中低纯度的鞋子，又与天蓝、嫩绿和粉红等鲜艳明快的色彩相互搭配，碰撞出一种刺激又时尚的感觉。

应用于设计类网页：

① 紫色是一种高纯度低明度的色彩，如果使用不恰当，极易显得媚俗，而如果搭配巧妙，则可以产生非常好的效果。

② 页面使用浅灰色作为基调，只使用极小面积的紫色和其他鲜艳、明快的颜色相互搭配，而且采用半透明的圆点状形式，整个页面充满了动态感和趣味性。

# 5.7　色彩的宁静感与兴奋感

　　对色彩的兴奋感和宁静感影响最显著的是色相。蓝色、蓝绿色、蓝紫色等色彩使人感到沉着冷静，低明度和低纯度的颜色呈现沉静感。红色、橙色、黄色等鲜艳而明亮的色彩给人以兴奋感，高明度和高纯度的颜色也会产生兴奋感，如图 5-13 和图 5-14 所示。

蓝色的背景让人感到沉着、冷静，该网页中低明度和低纯度的柔和蓝色给人一种沉静、安稳、幽静的印象。

图 5-13

黄色是最具跳跃感的颜色，该网页中大量使用高明度、高纯度的黄色和一些橙色，鲜艳而明亮，让人产生兴奋感。

图 5-14

## 5.8　色彩的活力感与庄重感

暖色、高纯度颜色、丰富多彩的颜色、强对比颜色会使人感觉跳跃、活泼、有朝气，如图 5-15 所示。冷色、低纯度颜色、低明度的颜色会使人感觉庄重、严肃，如图 5-16 所示。

该网页中使用艺术的表现形式和丰富的色彩，给人以时尚、生动、活泼的感觉，层次分明且对主题起到很好的衬托作用。

图 5-15

该网页使用明度和纯度低的灰色、棕色以及黑色作为页面的主要色彩，给人以庄重、严肃的印象。

图 5-16

### ★ 配色案例 12：化妆品网页配色

本案例使用清爽的水蓝色和艳丽的牡丹粉作为色彩搭配的重点，体现了女性化妆品的特点，给人以唯美、可爱的感觉。

| 案例背景 | 案例类型 | 化妆品网页设计 |
| --- | --- | --- |
| | 群体定位 | 成年女性 |
| | 表现重点 | 体现温婉、动人、明丽的女性特质，符合大多数女性的喜好和追求感受 |
| 配色要点 | 主要色相 | 水蓝色、牡丹粉 |
| | 色彩印象 | 鲜亮、亲切、娇艳 |

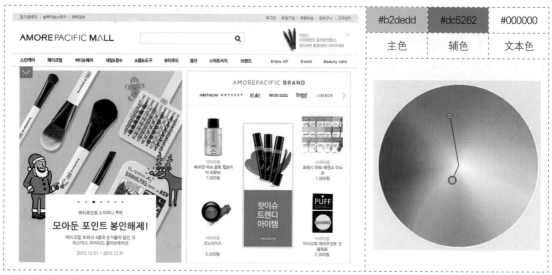

| #b2dedd | #dc5262 | #000000 |
|---------|---------|---------|
| 主色 | 辅色 | 文本色 |

### 设计分析

① 使用白色的背景，黑色的文字，搭配两种纯度适中、明度较高的对比色系中的色彩，给人以鲜明且温和的感觉。

② 在结构上宣传内容和主要产品平分秋色，架构清晰，布局合理，整体给人以简洁、大气、婉约、精致的感觉。

### 绘制步骤

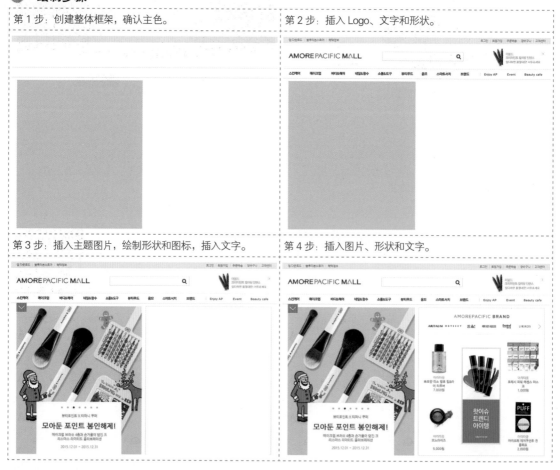

第 1 步：创建整体框架，确认主色。

第 2 步：插入 Logo、文字和形状。

第 3 步：插入主题图片，绘制形状和图标，插入文字。

第 4 步：插入图片、形状和文字。

## 配色方案

| 平和 | | | 开怀 | | |
| --- | --- | --- | --- | --- | --- |
| | | | | | |
| #248a66 | #72b39e | #5abac3 | #dae24a | #71ae91 | #f08300 |
| 安宁 | | | 惬意 | | |
| | | | | | |
| #c97586 | #c3e2cc | #55748f | #f9c04c | #c3e2cc | #bbc4e4 |

## 延伸方案

√ 可延伸的配色方案　　　　　× 不推荐的配色方案

配色评价：
可以将页面背景换成高纯度或高明度的粉红色，这样不仅不会破坏原始效果，还可以降低灰色平淡的感觉，为页面增添更多的活力和浪漫感，给浏览者带来更多视觉上的满足。

配色评价：
页面中使用了纯度较高的大红色，虽然可以很好地吸引浏览者的注意，但由于色块面积太大，产品内容很容易被浏览者忽略掉，降低产品的购买量。

## 相同色系应用于其他网页

应用于化妆品类网页：
① 页面中使用大面积的青色作为主色，营造出清新、清爽的视觉效果。
② 页面中加入天蓝色、粉红色和黄绿色，给人一种青春时尚的视觉体验。同时采用灰色的背景，将众多明度较高的颜色融合在一起，丰富又不喧闹。

应用于奢侈品类网页：
① 页面中使用同色系搭配方式，采用了不同纯度的青色作为主色，页面清爽干净，给人一种时尚感。
② 产品主图的黑色与页面文字颜色很好地呼应，使页面整体均衡，主题突出，既充满了时尚感，又烘托出产品的品位。

网页中要展示的内容很多，但通常会有主次之分。使用合理的色彩对比方法除了可以增加页面的层次感，还可以引导用户按照设计好的浏览顺序浏览页面，让用户可以在最短的时间内找到页面中的重点内容。

## 6.1　冷暖对比的配色

利用冷暖差别形成的色彩对比称为冷暖对比。在色相环上把红、橙、黄称为暖色，把橙色称为暖极；把绿、青、蓝称为冷色，把天蓝色称为冷极，如图 6-1 所示。

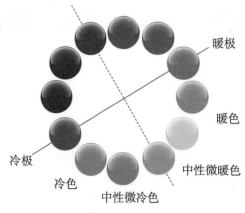

在色相环上利用相对应和相邻近的坐标轴就可以清楚地区分出冷暖两组色彩，即红、橙、黄为暖色，蓝紫、蓝、蓝绿为冷色。同时还可以看到红紫、黄绿为中性微暖色，紫、绿为中性微冷色。

图 6-1

### 6.1.1　色彩冷暖的强弱对比程度

色彩冷暖对比的程度分为强对比和极强对比。强对比是指暖极对应的颜色与冷色区域的颜色进行对比，冷极所对应的颜色与暖色区域的颜色进行对比；极强对比是指暖极与冷极的对比，如图 6-2 所示。

暖色与中性微冷色、冷色与中性微暖色的对比程度比较适中，暖色与暖极色、冷色与冷极色的对比程度较弱，如图 6-3 所示。

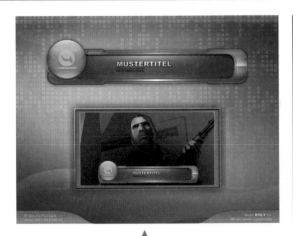

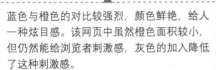

蓝色与橙色的对比较强烈，颜色鲜艳，给人一种炫目感。该网页中虽然橙色面积较小，但仍然能给浏览者刺激感，灰色的加入降低了这种刺激感。

图 6-2

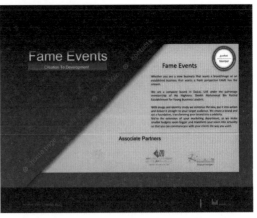

该网页中微暖色黄色与微冷色紫色的对比给人奢华、明艳的感觉，程度较强，紫色的明暗强度加强了视觉上的对比感受。

图 6-3

### 6.1.2 冷暖对比的心理感受

在重量上，暖色偏重，冷色偏轻。在湿度感上，暖色干燥，冷色湿润。色彩的冷暖受到明度、纯度的影响，暖色加白变冷，冷色加白变暖。另一方面，纯度越高，冷暖感越强；纯度降低，冷暖感也随之降低，如图 6-4 所示。

该网页颜色整体偏冷，色彩纯度较高，给人一种寒冷的印象，蓝色和白色的加入降低了冰冷的感觉，其他明艳色彩的点缀为页面增加了活跃气氛。

图 6-4

## 6.2 色彩在页面中的面积对比

色彩的面积对比就是指各种色彩在构图中占据量的多与少，面积的大与小的差别，将直接影响到页面的主次关系。在网页中使用两种或两种以上的色彩时，它们之间应该有什么样的比例才算是平衡呢？也就是不使其中某一种色彩更加突出。有两个因素决定一种纯度色彩的力量，即它的明度和面积。

**6.2.1 色彩面积的大小**

在同等纯度下，色彩面积大小不同，给人的感觉也不同。面积的大小与对人视觉的刺激度成正比，色彩面积越大，其可看见的程度和概率就越大，对视觉就会产生刺激。

如果在网页上使用大面积的高亮度红色，会让人感到难以忍受；大面积的黑色会使人感到阴沉、灰暗，喘不过气来；大面积白色会让人感到空虚。当然，如果在网页上使用面积太小的色彩，也会难以被人发现，更不会带给浏览者什么感情色彩，如图6-5所示。

该网页使用黄色作为主色，使用绿色作为辅色，属于暖色和中性微冷色的对比，对比较强但不会让人觉得有刺激感，给人以温和、健康的感受，页面中的红色在面积上占比较小，在白色的映衬下显得突出，但给人的色彩情感影响不大。

图 6-5

在网页配色时，首先要确定一种主色，使其成为网页中的大面积色，随后根据主色，选择所需要的辅助色，使其成为一种小面积色，达到点缀网页、平衡网页色彩的效果。

当在网页中使用两种颜色以相等的面积出现时，它们的冲突也会达到极限，使两种颜色有一种势均力敌的感受，色彩对比强烈，但如果降低两种颜色的明度，这种激烈程度可能会减小，如图6-6所示。

当面积对比悬殊时，会减弱色彩的强烈对比和冲突效果，但从色彩的同时性作用来说，面积对比越悬殊，小面积的色彩所承受的视觉感可能会更强一点，就好比"万花丛中一点绿"那样引人注目，如图6-7所示。

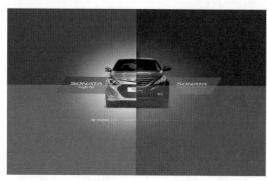

该网页中使用暖色的红色和极冷的蓝色对比，属于强烈的对比，明度和纯度高的两种颜色对比强烈，而使用了透明度和明度较暗的区域，对比程度减弱。

图 6-6

该网页中大量使用了红色，绿色的面积相对而言要小很多，但却能在视觉上吸引更多的注意力，这同时与色彩的明暗和纯度也有一定的关系。

图 6-7

## 6.2.2　色彩面积的位置关系

对比双方的色彩距离越近，对比效果越强，反之则越弱。双方互相呈接触、切入状态时，对比效果更强。如果一种颜色包围另一种颜色时，对比的效果最强。在网页设计中，一般是将重点色彩放置在视觉中心部分，最易引人注目，如图 6-8 所示。

页面中高亮的橙色与沉暗的黑色形成强烈的对比，而纯度、明度最高的红色和纯度、明度最高的黄色的对比因为距离较远，在强烈感上略逊一筹。

图 6-8

## ★配色案例 13：食品网页配色

浅灰色是一种搭配任何色彩都能显得含蓄而柔和的色彩。下面通过案例的制作，对浅灰色在网页色彩搭配中的运用进行详细介绍。

| 案例背景 | 案例类型 | 清凉的绿色食品网页设计 |
| --- | --- | --- |
| | 群体定位 | 健康食品推崇者 |
| | 表现重点 | 在网页设计中，通常将浅灰色作为背景色使用，以达到突出主题的效果。加入一抹鲜艳的红色，让人感觉如万绿丛中一点红，醒目而耀眼 |
| 配色要点 | 主要色相 | 绿色、红色、浅灰色 |
| | 色彩印象 | 健康、醒目、亮丽 |

| #659839 | #ee1c25 | #747474 |
| --- | --- | --- |
| 主色 | 辅色 | 文本色 |

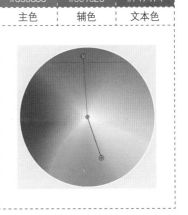

### 设计分析

① 该页面中将明度极高的浅灰色作为背景色，看起来明快却不空旷。搭配大片浅绿色的主色，给人以从背景中脱颖而出的感觉，突出主题。

② 与同色系的深灰色文字相搭配，使整个页面给人一种统一的感觉，为整个页面添加稳重气息。

## 绘制步骤

| 第1步：创建页面整体布局。 | 第2步：插入 Logo，制作导航栏。 |
|---|---|
| 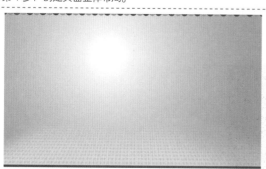 |  |
| 第3步：插入主题图片和辅图。 | 第4步：绘制图标，插入其他文字。 |
|  |  |

## 配色方案

| 灵巧 | | | 朝气 | | |
|---|---|---|---|---|---|
| #9f9fa0 | #005ead | #90a1d2 | #81cddb | #9f9fa0 | #e5a96b |
| 灵动 | | | 灵敏 | | |
| #005ead | #00aec2 | #9f9fa0 | #432f79 | #9f9fa0 | #6879ba |

## 延伸方案

√ 可延伸的配色方案　　　　　　　× 不推荐的配色方案

配色评价：
除了可以将灰色作为背景色外，也可以使用浅浅的嫩绿色作为背景，与草地的颜色形成同色系搭配，体现出天然健康的感觉。

配色评价：
使用黄色作为背景，显得页面十分明艳动人，与红色的 Logo 搭配过于温暖，更适合传统的能引起人食欲的美食，没有清秀、亮丽的感觉，不适合绿色产品的健康理念。

⬇ **相同色系应用于其他网页**

应用于怀旧风格网页：

① 整个页面看起来色彩丰富，但实际上都是由各种色彩加入极少量的灰色而成的。

② 浅淡的主体颜色与明亮的浅灰色背景相搭配，色相变化缓和，突出页面的优美与高雅，使页面效果和谐。

③ 加入醒目的绿色和紫色，起到了很好的页面点缀效果，同时与浅灰色背景相搭配，灵活运用了灰色吸收色彩活力的作用，从而使整个页面效果更加和谐。

应用于家居网页：

① 整个页面以浅灰色到白色的缓和渐变分清页面的主次，利用浅灰色明亮的色相为页面营造轻松而简朴的气氛。

② 加入适量的青色布满整个页面，减缓灰色调的页面带给人的颓废、消极和沉闷，给人沉静、轻快的感觉。

③ 深灰色的文字突出页面的同时，呼应主题图片颜色，为页面添加了稳重气氛。

# 6.3　色相和色调对比

色相对比的强弱，可以根据色相在色相环中的间距去判断。在网页设计配色中，可以将色相环中的任意色相作为某个页面的主色，通过与其他色相组合进行配色，可以构成原色之间的对比、间色对比、补色对比、邻近色对比和类似色对比，以此来表现网页色彩色相之间不同程度的对比效果。

## 6.3.1　原色对比

红、黄、蓝三原色是色相环上最基本的三种颜色，它们不能由别的颜色混合而产生，却可以混合出色相环上所有其他的颜色。红、黄、蓝表现了最强烈的色相气质，它们之间的对比是最强的色相对比。如果在一个网页的配色中由两个原色或三个原色进行配色，就会令人感受到一种强烈的色彩冲突，如图 6-9 所示。

◀ 该网页中红、黄、蓝三原色均有体现，色彩冲突较强，刺激感明显，给人一种兴奋、动感的印象。

图 6-9

**提示**

色光的三原色是红、绿、蓝，用于电视、电脑等屏幕显示。色彩的三原色是红、黄、青，即人们常说的"红、黄、蓝"，用于彩色印刷等行业。

## 6.3.2 间色对比

橙色、绿色、紫色是通过原色相混合而得到的间色，其色相对比略显柔和，自然界中植物的色彩许多都呈现间色，许多果实都为橙色或黄橙色，还经常可以见到各种紫色的花朵，例如绿色与橙色、绿色与紫色这样的对比都是活泼、鲜明又具有天然美的配色，如图 6-10 所示。

该网页以浅棕色作为背景，使用天然素材元素，加入红色、绿色、橙色、紫色、黄色，完全诠释了产品的特色和理念，给人以活泼、自然、鲜明和健康的感觉。

图 6-10

## 6.3.3 补色对比

色相环上相差 180° 的颜色称为互补色，是色相对比中对比效果最强的对比关系。一对补色放置在一起，可以使对方的色彩更加鲜明，如红色与青色搭配，红色变得更红，青色变得更青，如图 6-11 所示。

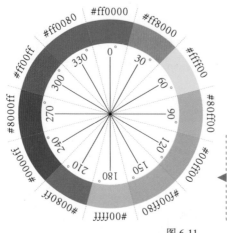

互补色是色相中对比效果最强的，通常在网页配色中，使用典型的补色有红色与青色、绿色与品红、黄色与绿色。

图 6-11

黄色与蓝色由于明暗对比强烈，色相个性悬殊，因此成为三对补色中最冲突的一对；红色与青色的明暗对比居中，冷暖对比最强，是最活跃、生动的色彩对比；绿色与品红明暗对比近似，冷暖对比居中，显得十分优美。由于明度接近，两色之间相互强调的作用非常明显，有炫目的效果。

### 6.3.4　邻近色对比

在色相环上顺序相邻的基础色相，例如红色与橙色、黄色与绿色、蓝色与紫色这样的颜色并置关系，称为邻近色相对比，属于色相弱对比范畴，如图 6-12 所示。

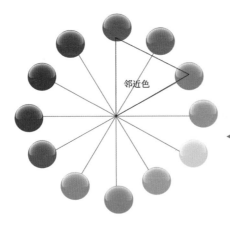

在红色与橙色对比中，橙色已带有红色的感觉，在黄色与绿色的对比中，绿色已带有黄色的感觉，它们在色相因素上自然有相互渗透之处；但像红色与橙色这类的颜色在可见光谱中具有明显的相貌特征，都为单色光，因此仍具有清晰的对比关系。

图 6-12

邻近色对比在配色中的最大特征是可以让网页具有明显的统一协调性，或为暖色调，或为冷暖中间调，或为冷色调，同时在统一中仍不失对比的变化。

### 6.3.5　类似色对比

在色环上非常邻近的颜色，例如橙色与橙黄色、绿色与黄绿色、绿色与蓝绿色、蓝色与蓝紫色这样的色相对比称为类似色相对比，如图 6-13 所示。

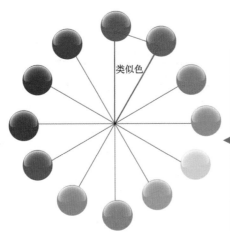

类似色相对比是最弱的色相对比效果，在视觉中能感受的色相差很小，常用于突出某一色相的色调，注重色相的微妙变化，在网页配色中通常用一两种类似色作为网页的背景，这样既可以维持网页的色彩统一与平衡，又可以突出网页内容中所使用的配色色彩。

图 6-13

类似色之间含有共同的色素，既保持了邻近色的单纯、统一、柔和、主色调明确等特点，同时又具有耐看的优点，在网页设计中，可以适当应用小面积的类似对比色或以灰色点缀来增加整个网页页面的色彩生气。

### 6.3.6　色相对比

所谓的色相对比，其实就是指将不同色相的色彩组合在一起，由此创造出鲜明对比效果的一种手法。不同色相所形成的对比效果，是以色相环中位置距离越远的颜色来进行组合，距离越远，效果越强烈，如图 6-14 所示。

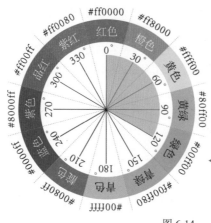

该图为 12 色相环，在色相环上，对应角度为 180° 的颜色色相对比度最强。如在 0° 位置、色值为 #ff0000 的红色和在 180° 位置、色值为 #00ffff 的青色。

图 6-14

色相对比的强弱，可以根据色相在色相环中的间距去判断。在网页设计配色中，可以将色相环中的任意色相作为某个页面的主色，通过与其他色相组合进行配色，可以构成原色之间的对比、间色对比、补色对比、邻近色对比和类似色对比，以此来表现网页色彩色相之间不同程度的对比效果。

色相对比可以发生在饱和色与非饱和色之间。用未经混合的色相环纯色对比，可以得到最鲜明的色相对比效果。鲜明的颜色对比能够给人们的视觉和心理带来满足。

## 6.3.7 明度对比

由两种不同明暗度的色彩并列而产生的对比反应，称为明度对比。在设计时明度对比可以使明色更亮，而暗色更暗。

为什么明度对比如此重要呢？主要是因为人类的眼睛对明度差异比较敏感，比其他任何一种对比都要高，有时人们会无法察觉纯度或是色相的微妙变化，但对于明度的变化，即使差异非常微小，也可以清楚地辨识出来，如图 6–15 所示。

高明度

低明度

图 6-15

在无彩色系中，明度最高的是白色，明度最低的是黑色，处在中间明度的是各种不同深浅的灰色。在彩色中，各种彩色也都具有不同的明度性质，其中柠檬黄色的视觉度高，色相明度也就最高。紫色的情况正好相反，因此明度便显得最低。如果各种彩色与不同明暗程度的黑、白、灰色相混合，就可以得到许许多多不同明度的色彩。

在同一色相、同一纯度的颜色中，混入黑色越多明度越降低；相反，调入白色越多，明度越提高。利用明度对比，可以充分表现色彩的层次感、立体感和空间关系。根据色彩专家研究的结果表明，色彩的明度对比的力量要比纯度对比大 3 倍，如图 6-16 所示。

| 原图 | 降低蓝色明度 | 提高蓝色明度 |

图 6-16

## 6.3.8　纯度对比

　　纯度对比是指因色彩纯度差别而形成的对比关系，既可以是单一色相不同纯度的对比，也可以是不同色相、不同纯度的对比，通常是指艳丽的颜色和含灰的颜色比较，如图 6-17 所示。

任何一种鲜明的颜色，只要它的纯度稍稍降低，就会引起色相性质的偏离，而改变原有的品格。例如，黄色是视觉度最高的色彩，只要稍稍加入一点灰色，立即就会失去耀眼的光辉，而变得毫无生气。

图 6-17

　　一般来说，高纯度的色彩清晰明确、引人注目，色彩的心理作用明显，但容易使人视觉疲倦，不能持久注视。低纯度的色彩柔和含蓄、不引人注目，却可以持久注视，但因平淡乏味，看久了容易厌倦。因此较好的配色效果，就是纯净色与含灰色的组合配置，利用色彩的纯度对比可以获得既稳定又艳丽的色彩效果。

# 6.4　同时对比

　　当两种或两种以上的色彩在网页中一起配色时，相邻的两种色彩会互相影响，这种对比被称为同时对比。

## 6.4.1　同时对比的基本规律

　　同时对比的色彩基本规律是，相邻的色彩会改变或失去原来的属性和原来所需要传达的印象，并向另一种色彩互换，从而展示出新的色彩效果与活力。

　　当色彩越接近交界线时，彼此影响会更激烈，并会引起色彩渗漏现象。例如灰色靠近橙色时会带来蓝色效果，靠近蓝色会带来褐色效果，如图 6-18 所示。

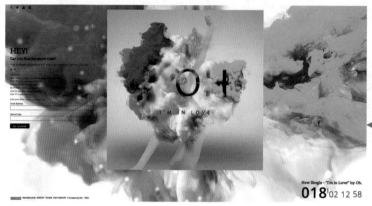

如果在色相上两种色彩接近补色，对比效果将更强烈，当红色和青色同时出现在网页上时，如果纯度和明度一样，那么红色将变得更红，青色将变得更青；在明度上，明度高的会更高，明度低的会更低，当黑白并置时，黑色和白色会更加明显。

图 6-18

## 6.4.2 同时对比产生的生理因素

同时对比会产生生理影响，当人们看到任何一种特定的色彩时，眼睛会同时寻求或期盼它的补色出现，如果没有补色出现，视觉会自动产生补偿色光的现象。

同时对比中补色的产生，是作为一种感觉发生在浏览者的视野里的，并非是客观存在的事实，这一点与补色之间的对比有所区别。当兴奋减弱或眼睛疲劳时，同时对比效果就会消失，如图 6-19 所示。

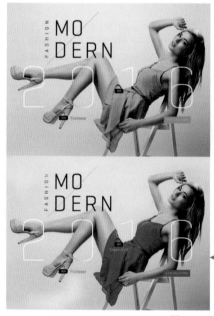

相同底色的两张图片，当大面积地使用青色时，灰色部分会看上去有些暖色调的感觉；而当大面积地使用紫色时，灰色部分会看上去有些冷色调的感觉。

图 6-19

## 6.5 连续对比

当人们浏览网页配色时，观察配色中的一种色彩后再看另一种色彩时，视觉会把前一种色彩的补色加到后一种色彩上，这种对比称为连续对比。

连续对比与同时对比不同的是，同时对比主要是指在同一时间、同一空间上颜色的对比效果；连续对比则是在不同的时间或者在运动的过程中不同颜色之间的刺激对比，如图 6-20 所示。

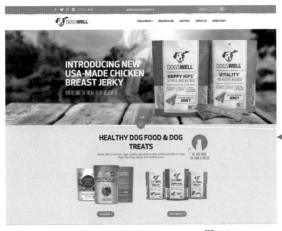

使用 2~3 种有彩色和黑白灰无彩色搭配页面，色彩具有层次感，不同色彩交替变化，这种连续对比的效果让网页产生了一种律动感。黑白分明会使色彩对比强烈，浏览者的注意力会被页面中间的白色和黑色吸引，黑白分明的区域相比灰色和黑色的部分，白色更加明亮。

图 6-20

连续对比的现象不仅表现在色相上，也表现在明度上，当浏览页面的白色区域时，再注视黑色区域会发现黑色更黑，反之白色会更白。

**★ 配色案例 14：艺术网页配色**

制作艺术性的网页时，一定要注意在色彩搭配上不仅仅只是美观那么简单，还要让浏览者感到有强烈的视觉冲击力。下面来制作一个非常具有个性的艺术网页。

| 案例背景 | 案例类型 | 个性化的艺术网页设计 |
|---|---|---|
| | 群体定位 | 艺术爱好者 |
| | 表现重点 | 在网页设计中，将铬黄色作为基本色来使用，会带给人一种积极健康、热力四射的感觉 |
| 配色要点 | 主要色相 | 紫色、铬黄色、白色 |
| | 色彩印象 | 活力、青春、艺术 |

| #edc81f | #915090 | #ffffff |
|---|---|---|
| 主色 | 辅色 | 文本色 |

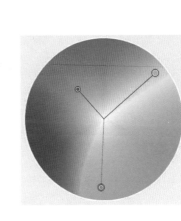

↘ **设计分析**

① 该案例中使用了一张铬黄色背景的图像作为焦点图。这张卡通风格的图像立体感和空间感非常好，足够支撑起整个页面的视觉焦点。

② 下方的黄色、紫色和青色圆点在页面上方都有与之相呼应的色块和元素。整体配色效果活泼，尽管版式简单，但却非常吸引人。

③ 使用深紫色作为辅色，突出主题的同时为页面添加了一丝神秘气息。搭配页面下方的黑色文字，使页面获得等重的呼应，给人以稳重的感觉。

④ 紫色和青色的加入使页面配色更加丰富，同时也有效缓解了高纯度、高明度黄色带来的刺激感。

↘ **绘制步骤**

| 第 1 步：创建页面轮廓，确认主色。 | 第 2 步：插入主图和 Logo，制作导航栏。 |
|---|---|
|  |  |
| 第 3 步：插入文字和形状。 | 第 4 步：绘制图标，插入文字。 |
|  |  |

## ⬇ 配色方案

| 聪明 | | | 朝气 | | |
|---|---|---|---|---|---|
| #fff100 | #f0edce | #5f5b85 | #81cddb | #fff100 | #e5a96b |
| 明晰 | | | 动感 | | |
| #f29b7e | #e5a96b | #fff100 | #fff100 | #f5aa68 | #c3d94e |

## ⬇ 延伸方案

√ 可延伸的配色方案            × 不推荐的配色方案

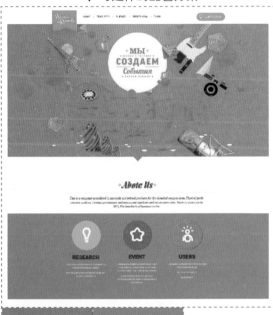 

配色评价：

① 可以将鲜艳的黄色换为极具柔媚感的品红色，进一步增强
刺激感。主色调改变以后，低纯度的紫红色标签将会拉低
品红色的刺激和艳丽感，需要换成其他鲜艳的颜色。

② 也可以在页面下方添加一块青色，强化整个页面的层次感
和空间感，而且有区别分类信息的作用。

配色评价：

大量紫色的加入会给人带来神秘气息，与黄色搭配形成强有
力的冲击，能够吸引人的注意，但是应用于艺术网页，显得
不够柔和及和谐，表现过于生硬，降低了流畅感和柔美的感
受力。

## ⬇ 相同色系应用于其他网页

应用于品牌饮料网页：

① 这是一款非常明艳的冰饮类网页。页面中直接采用大片的
铬黄作为焦点图，密集的水珠表现出绝佳的清凉感。

② 焦点图中的人物衣着清爽，表情夸张到位，进一步强化了
热力四射的氛围。

③ 页面下方则采用小面积的嫩绿和红色作为点缀，而红色又
恰好与焦点图中其他的颜色产生呼应，整体页面色调协调
而活泼。

应用于艺术类网页：

① 艺术、设计和影视传媒类的网页都非常注重体现个性和与众不同的感觉，而黄色这种耀眼而又难以驾驭的颜色恰好能够满足这种要求。

② 这款艺术类网页采用铬黄色作为背景，恰到好处的明度能够提供比纯黄色更加柔和舒适的刺激感。使用邻近的橙红色和红色作为辅色。

③ 这两种颜色相对比较温暖艳丽，所以不会破坏页面的氛围，也不会降低铬黄的新鲜程度。页面的留白很充裕，轻松、舒适的感觉诠释得很到位。

# 第 **7** 章  红色系的应用

红色的色感温暖、性格刚烈而外向，可以对人形成强烈的刺激。红色比其他颜色更能吸引人的注意，也可以引起人兴奋、激动、紧张、冲动的感觉。本章针对网页设计中红色系的应用进行学习。

## 7.1  热情的正红色

红色是网页设计中常用的一种颜色，通常可以吸引浏览者的注意。除了可以整个页面都是红色外，也可以使用局部点缀的方式突出网页的特点。

正红色是中国传统文化的色彩，也是最鲜艳生动、最热烈的颜色，具有强烈的情感色彩，能使人感到兴奋，会给人带来快乐。它代表着激进主义，代表革命与牺牲，常让人联想到火焰与激情，如图 7-1 所示。

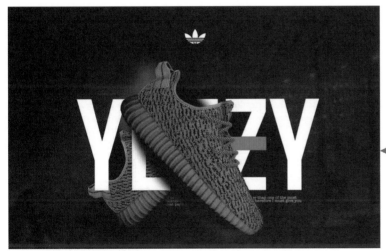

| 基色 | #e71419 |
| --- | --- |
| | #911a14 |
| 配色 | #371412 |
| | #000000 |
| | #ffffff |

高纯度的正红色给人以热情和活力感，黑与白的搭配给人庄重和格调感，毫不缺失优质的感觉。

图 7-1

### ★配色案例 15：家居网页配色

在该案例中使用白色作为背景色，突显产品的品质。使用红色作为网页的主色，同时采用了不同明度的红色作为辅色。而文字颜色使用了白色，整个页面整齐又主题明确。

| 案例背景 | 案例类型 | 家居类网页设计 | | |
|---|---|---|---|---|
| | 群体定位 | 年轻人、时尚人群 | | |
| | 表现重点 | 整体给人以热情、温暖的感觉，使用白色作为背景色和文字色，简洁易读，虽然大众化却很有亲和力。浅灰色略带沉静感，有调和的作用 | | |
| 配色要点 | 主要色相 | 正红、深红、浅灰 | | |
| | 色彩印象 | 热情、温暖、醒目、调节情绪 | | |

| #d23a42 | #a8152a | #ffffff |
|---|---|---|
| 主色 | 辅色 | 文本色 |

### 设计分析

① 在整个案例中并没有使用大片的红色，但给人的印象却是满屏的红色。除了选择了合适的核心图片外，还得益于页面中的标志和导航也使用了与主色相同的红色，既起到了对称呼应的作用，又使主色向整个页面延伸。

② 在案例中使用白色作为背景色，突显产品的品质。

③ 使用红色作为网页的主色，同时采用了不同明度的红色作为辅色。而文字颜色使用了白色，整个页面整齐又主题明确。

### 绘制步骤

| 第1步：确认网页主色，创建整体框架。 | 第2步：添加产品图片和主要文字内容。 |
|---|---|

第 3 步：添加系列产品图片作为衬托和点缀。　　第 4 步：添加其他元素和文字信息等内容。

## 配色方案

| 绚丽 | | | 明朗 | | |
|---|---|---|---|---|---|
| #f18d00 | #ffd900 | #e60012 | #e60012 | #fbd8b5 | #f5b090 |
| 明丽 | | | 休闲 | | |
| #e60012 | #f9f2e2 | #ffd900 | #f9c270 | #f18d00 | #e60012 |

## 延伸方案

√ 可延伸的配色方案　　　　　　× 不推荐的配色方案

配色评价：
① 以黄、橙、红色进行搭配，有着烟花的灿烂、阳光的明媚，色调鲜明、活泼。
② 显示出热情、饱满的感觉，给人一种积极向上的意象状态，红橙黄的搭配，整体上和谐统一。

配色评价：
① 紫色是浪漫的颜色，当与红色和品红色搭配时，有豪华感，给人奢侈的印象。
② 黄色是非常具有动感的颜色，与紫色对比强烈，用于家居气氛过于活跃，缺乏素雅和沉静感。

⊘ **相同色系应用于其他网页**

应用于高档餐厅网页：

① 整个页面是以红色作为基调，具有很强的视觉冲击效果，非常符合食品网页设计的要求。

② 黑色的字体在红色中形成反差，整体页面醒目而稳重，让浏览者产生食欲。

应用于女性主题网页：

① 以红色作为页面的背景，给人热辣和激情的感觉，多层次的红色吸引浏览者仔细阅读文字内容。

② 使用白色文字，与背景反差强烈，便于阅读。

# 7.2 成熟的深红色

深红色是在原有的红色基础上降低明度而得，给人一种成熟、浪漫、优雅的感觉。深红色在设计中被广泛应用，用来传达有活力、积极、热诚、温暖及前进等含义的企业形象与精神，如图 7-2 所示。

| 基色 | | #8b0000 |
|---|---|---|
| 配色 | | #536869 |
| | | #0d0600 |
| | | #ffffff |
| | | #1c047c |

深红色与白色的搭配可以给人一种优质感，与黑色显示出成熟和品位，融合的配色有新潮和另类感。

图 7-2

# 7.3　热烈的朱红色

朱红色是被人类所使用的古老颜色之一，是一种不透明的朱砂而制成的颜色。朱红色介于红色系与橙色系中间，其色感温暖，性格刚烈而外向，是一种对人刺激性很强的颜色，容易引起人的注意，如图 7-3 所示。

| 基色 | | #ea5529 |
|---|---|---|
| 配色 | | #ffffff |
| | | #290b03 |
| | | #ffc921 |
| | | #c5c370 |

鲜亮的朱红色成功吸引浏览者的注意，与黄色搭配给人以温暖的感觉，白色和绿色显得灵活整洁。

图 7-3

## ★配色案例 16：书籍网页配色

由深到浅的渐变色和具有立体效果的焦点图很好地突显出页面的纵深感，嫩绿和朱红等高纯度的艳色和不规则形状的撕纸、气泡图形成功化解了深棕色的沉闷。

| 案例背景 | 案例类型 | 书籍网页设计 |
|---|---|---|
| | 群体定位 | 文人雅士、阅读爱好者 |
| | 表现重点 | 背景的深棕色明度和纯度均比较低，显得稳重而沉闷。鲜艳的色彩和撕纸、气泡图形抵消了沉闷的感觉 |
| 配色要点 | 主要色相 | 朱红色、深棕色、绿色 |
| | 色彩印象 | 沉稳、立体感、空间感 |

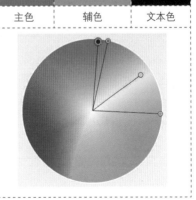

| #ff2300 | #4d0603 | #000000 |
|---|---|---|
| | #2ebf00 | |
| 主色 | 辅色 | 文本色 |

## 设计分析

① 本案例中的浅色调主要起到调和主色调及点睛色的色彩过渡作用。嫩绿的点睛色强化了页面的华丽感，使整个页面看起来生动活泼，又不失含蓄沉稳。

② 使用由深到浅的渐变色刻意营造一种空间感，而焦点图明显的立体效果更强化了这种感觉。

③ 整个页面冷暖对比、明暗对比、色相对比都极为鲜明，使用渐变的过渡使整个页面能迅速吸引眼球且能达到协调的感觉，也不会有杂乱的感觉。

## 绘制步骤

| 第1步：填充背景色，插入主题图片，设置导航栏。 | 第2步：插入图片，添加文字和渐变。 |
| --- | --- |
| 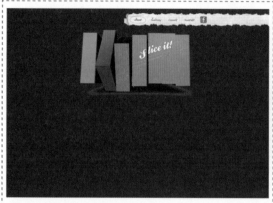 |  |
| 第3步：绘制气泡图形，插入文字。 | 第4步：绘制下方的版底信息栏，添加文字。 |
|  |  |

## 配色方案

| 典雅 | | | 愉快 | | |
| --- | --- | --- | --- | --- | --- |
| #c11920 | #eebc83 | #5d070c | #fdd000 | #c11920 | #f7f8da |
| 和谐 | | | 讲究 | | |
| #c11920 | #e5d4ac | #c97e13 | #bc8c1b | #713b12 | #c11920 |

### ◙ 延伸方案

√ 可延伸的配色方案　　　　　　　　　× 不推荐的配色方案

配色评价：

① 紫色的色感微冷，将明度降低后很适合作为背景，可以更好地强调空间感与景深感。

② 将下方的版底信息部分也采用与导航相同的撕纸样式，那么整个页面的首尾将会相互呼应。

配色评价：

红紫色拥有红色的奢华和紫色的高贵，与黄色搭配可以表现出尊贵的气质，酒吧和歌厅喜欢用红紫色的灯光可以显示出浪漫、迷幻的效果。但是用在书籍网页，色彩印象与主题概念不符，与主图的色彩搭配也有些纷乱的感觉。

### ◙ 相同色系应用于其他网页

应用于教育类网页：

该网页以红橙色为点缀色，通过范围较大的背景白色、灰白色的前景图片和白色文字制造出明快气氛的同时，又呼应整个页面，使简单的教育网页充满生机与活力。

应用于商务类网站：

该网页并非采用大篇幅的红色，使用白色作为网页的背景色，导航与版底使用了鲜艳的红色，使网页整体不再单调，使页面视觉效果得到强化。

## 7.4　甜蜜的玫瑰红　🔍

　　玫瑰红犹如玫瑰一样娇艳芬芳，玫瑰红的色彩透彻明晰，可以营造出温馨浪漫的氛围，又流露出含蓄的美感，华丽而不失典雅，通常用来表现浓郁高雅的情调、热烈奔放的情感以及女性柔美多情的一面，如图 7-4 所示。

　　玫瑰红若与同类色搭配，根据色调的差异，可以达到温暖时尚、热情奔放的效果；与不同色相搭配，依然可以营造出大方文雅的气息。

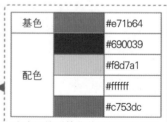

| 基色 | | #e71b64 |
|---|---|---|
| 配色 | | #690039 |
| | | #f8d7a1 |
| | | #ffffff |
| | | #c753dc |

玫瑰红的甜美芬芳衬托出产品的浪漫温馨主题，紫色与黄色的点缀给人以散落花瓣的律动感。

图 7-4

## ★ 配色案例 17：时尚生活网页配色

扩大留白空间，将色彩的面积缩小，会给人一种朴素的印象，这类颜色的组合多用于女性主题，例如化妆品、服装等，容易营造出娇媚、艳丽的氛围。

| 案例背景 | 案例类型 | 时尚生活网页设计 |
|---|---|---|
| | 群体定位 | 女士 |
| | 表现重点 | 玫红色在页面构图中所占面积很少，但是承受的作用性很强，色彩形成强烈对比，就像"万绿丛中一点红"那样夺人眼球，使页面呈现一种活泼悦目的效果 |
| 配色要点 | 主要色相 | 玫瑰红、深灰、浅灰 |
| | 色彩印象 | 娇媚、艳丽、甜美 |

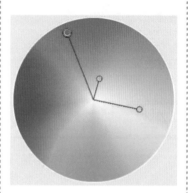

| #e71b64 | #f0f4f5 #9c9d9f | #bebebe |
|---|---|---|
| 主色 | 辅色 | 文本色 |

### 设计分析

① 玫红色属于高纯度的颜色，所以要避免与高纯度的色彩组合，以免给人带来一种繁杂低俗的印象。

② 本案例中玫红色在页面构图中所占的面积并不多，加以浅灰色的背景，给人以温馨典雅的感觉。

### 绘制步骤

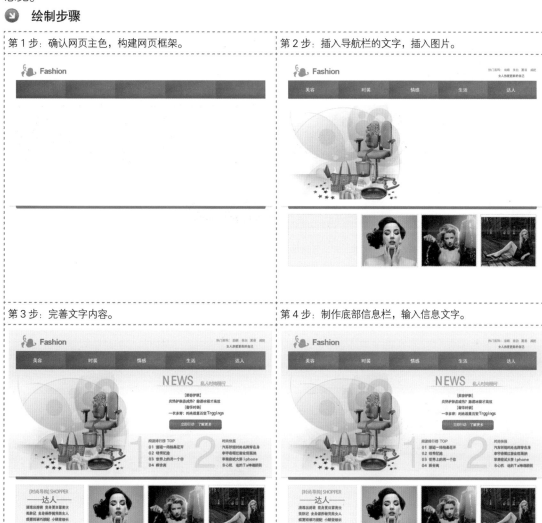

| 第 1 步：确认网页主色，构建网页框架。 | 第 2 步：插入导航栏的文字，插入图片。 |
| 第 3 步：完善文字内容。 | 第 4 步：制作底部信息栏，输入信息文字。 |

### 配色方案

| 温柔 | | | 纯正 | | |
|---|---|---|---|---|---|
| #e61c64 | #fce3cd | #f19cae | #fff352 | #62b0e3 | #e61c64 |
| 富丽 | | | 华美 | | |
| #f9c270 | #e61c64 | #ea5504 | #e1c7d3 | #e61c64 | #923d92 |

### 延伸方案

√ 可延伸的配色方案　　　　　　　　　× 不推荐的配色方案

配色评价：

① 紫色是既庄重、睿智且又不失浪漫的色彩，可以展示出女性的高贵和成熟美。

② 灰色与紫色搭配，增添了几分品质和高雅，给人以神秘感和卓越感。

③ 文字色和背景色是深灰和浅灰的搭配，在紫色辉映下，有低调、奢华的感觉。

配色评价：

① 黑色与白色或浅灰色搭配很具有时尚气息，给人以浓郁、神秘、深邃的感觉，并且有很强的正式感，当有彩色点缀时，会让人觉得绚丽又不失格调。

② 唯一的不足是页面欠缺一些娇柔、妩媚感，既无一丝甜美，也无丝毫浪漫，因此黑色更适合应用在男士时尚网页。

### 相同色系应用于其他网页

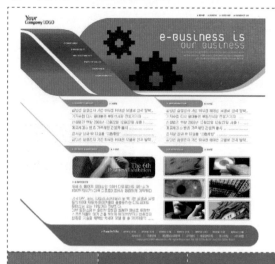

应用于门户网页：

① 白色的背景使玫瑰红脱颖而出，令人眼前一亮。

② 浅灰色的色块对玫瑰红起到一定的衬托作用，给人很有品位的感觉。

③ 深灰色的色块很好地降低了玫瑰花的热度，平衡了整个页面的色温。

应用于商务型网页：

① 该网页中使用鲜艳夺目的玫瑰色搭配浅灰色的背景，效果和谐且主题突出。

② 小面积的蓝色和绿色的加入，增加了页面的时尚感和商务感，给人层次丰富、结构协调的感觉。

## 7.5　华丽的紫红色

　　紫红色是女性化的代表颜色，通常能够传达出浪漫、华丽以及优雅的气息，紫红色是由品红加少许的黄色和紫色得来，又称粉红色，给人一种高贵、低调、华丽的感觉，在网页中通常大面积使用该颜色，如图 7-5 所示。

| 基色 | | #e198c0 |
|---|---|---|
| 配色 | | #f7e67c |
| | | #029d97 |
| | | #ffffff |
| | | #c753dc |

该网页使用紫红色作为主色，给人以青春靓丽的感觉，配以黄色、绿色和蓝绿色的点缀，丰富且活泼。

图 7-5

## 7.6　富贵的宝石红

　　宝石红像宝石一样象征着高贵与奢华，而以贵重的宝石来命名也可以说是恰如其分。宝石红是在浓厚热烈的红色中融入紫色，将女性的魅力展现得淋漓尽致，如图 7-6 所示。

| 基色 | | #c80852 |
|---|---|---|
| 配色 | | #480320 |
| | | #000000 |
| | | #ffffff |
| | | #7f2c98 |

玫瑰红的甜美芬芳衬托产品主图的浪漫温馨主题，紫色与黄色的点缀给人以散落花瓣的律动感。

图 7-6

### ★配色案例 18：美食网页配色

　　宝石红的色相微暗，是一种比较含蓄的色彩，给人一种内柔外刚的印象，搭配神秘的黑色，使页面的华美氛围更加突出。

| 案例背景 | 案例类型 | 美食类网页设计 |
|---|---|---|
| | 群体定位 | 普通大众消费群体 |
| | 表现重点 | 在要素比较少的基础上瞬间就可以将所有信息尽收眼底，使用可以强烈吸引视线的配色，聚集人们的目光 |

| 配色要点 | 主要色相 | 宝石红、灰色、黑色 |
|---|---|---|
| | 色彩印象 | 含蓄、食欲 |

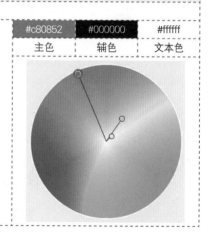

| #c80852 | #000000 | #ffffff |
|---|---|---|
| 主色 | 辅色 | 文本色 |

### 🔵 设计分析

① 黑色的图片与导航衬托出宝石红与浅黄色搭配的华美感，同时黑色也呈现出一种神秘感。在制作饮食网页时，采用高明度与鲜艳的色彩往往会提高人的食欲。

② 网页的文字颜色采用了白色，使整体的清晰度提高，给人简洁的印象。

③ 黑色的背景一般不适合在食品图片上使用，但主图的色彩搭配和亮度、对比度的处理明艳、协调且恰到好处，显得更加突出和质感强烈。

### 🔵 绘制步骤

第1步：确认网页主色，创建整体框架。

第2步：添加产品图片和主要文字内容。

第3步：添加 Logo 和导航文字。

第4步：添加其他元素和文字信息等内容。

## 配色方案

| 旺盛 | | | 力量 | | |
| --- | --- | --- | --- | --- | --- |
| #00b4c0 | #c80852 | #dbe000 | #e7317d | #ffe300 | #c80852 |
| 丰富 | | | 休闲 | | |
| #c80852 | #186225 | #82b328 | #f9c270 | #f18d00 | #c80852 |

## 延伸方案

√ 可延伸的配色方案　　　　　　　　　　× 不推荐的配色方案

配色评价：
将宝石红换为正红色，为页面增添热烈的气氛，使页面富有和谐感，同时引发人的食欲。

配色评价：
将宝石红换为灰色，页面传达出过于正式的高贵感，有些传统气息，缺少活跃的气氛，虽然不失美感，但也增加了一些距离感，与主图不和谐。

## 相同色系应用于其他网页

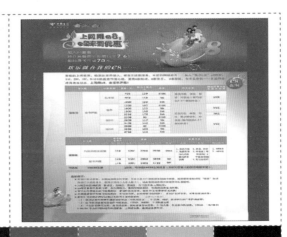

应用于汽车类网页：
汽车类网页采用高贵的宝石红作为主调，展现出大气奢华的气息，与黑色搭配，能够彰显出强烈的时尚感和酷炫气息，带给人强烈的视觉冲击。

应用于电信套餐网页：
该网页利用对比的方式进行表现，通过鲜艳的背景色与浅黄色的文字内容形成鲜明的对比，有效衬托出文字内容，使页面表现力更强，视觉效果更好。

# 第 8 章 橙色系的应用

橙色给人的感觉是兴奋而热烈，也是一种令人振奋的颜色。橙色具有健康、富有活力、勇敢自由等象征意义。橙色在空气中的穿透力仅次于红色。本章将对网页中的橙色系进行讲解。

## 8.1 生机勃勃的正橙色

橙色是轻快、欢欣、收获、温馨、时尚、快乐、喜悦的色彩。一般食品题材的网页都会采用这种带有味觉的颜色作为主色调，如图 8-1 所示。

| 基色 | | #fc7c00 |
|---|---|---|
| 配色 | | #d7c3aa |
| | | #64ac2e |
| | | #79696a |
| | | #3c1800 |

该网页中使用正橙色作为主色，给人以时尚、收获的感觉，绿色的添加给人以健康的印象。

图 8-1

### ★配色案例 19：活跃的美食网页配色

橙色是容易引起食欲的颜色，常被用于味觉较高的食品网页。橙色也是引人注目、具有芳香的颜色，所以也常被用于对视觉要求较高的时尚网页。

| 案例背景 | 案例类型 | 美食网页设计 |
|---|---|---|
| | 群体定位 | 大众 |
| | 表现重点 | 采用红、橙、绿这些能够给人带来食欲和安全感的颜色，以突出健康食品的主题 |
| 配色要点 | 主要色相 | 橙色、黄色、绿色、红色 |
| | 色彩印象 | 食品、安全、健康 |

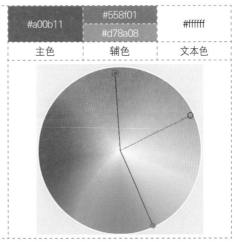

| #a00b11 | #558f01 | #ffffff |
| | #d78a08 | |
| 主色 | 辅色 | 文本色 |

### 设计分析

① 橙色在美食网页设计中较为常用，网页中使用橙色不仅能够引起浏览者的食欲，还可以给人兴奋而热烈的感觉，同时也可以活跃气氛。

② 整个页面中使用大面积的明度较低的深橙色作为背景颜色，在减少视觉疲劳的同时，更为整个网页添加了一丝尊贵、神秘的色彩，背景中又添加少许亮眼的黄色提高明度，营造了活跃的气氛。

③ 深红色作为整个页面的主色，强有力地增加了视觉冲击力。而白色的文字作为点睛之笔，使整个页面更加灵巧。

### 绘制步骤

第 1 步：填充背景色和底纹。

第 2 步：插入主题图片。

第 3 步：插入素材元素并放到合适位置。

第 4 步：插入形状、输入文字，完成页面设计。

## 配色方案

| 活泼 | | | 生机 | | |
|---|---|---|---|---|---|
| #ea5520 | #29288b | #009c42 | #d9272b | #ea5520 | #0073bd |
| 明快 | | | 快乐 | | |
| #f5d70c | #7fbf42 | #ea5520 | #009e6b | #ea5520 | #d3d0ae |

## 延伸方案

√ 可延伸的配色方案      × 不推荐的配色方案

配色评价：
背景除了可以使用橙色以外，也可以使用墨绿色，在渲染尊贵、神秘气息的同时，突出健康主题。

配色评价：
蓝色具有广阔悠远的气质，当大面积出现时，会显得清澈和冷静，使整个页面缺少温暖和火热，抑制食欲。

## 相同色系应用于其他网页

应用于食品网页：
① 整个页面是以正橙色作为主色调，让浏览者产生食欲。辅色使用显眼的紫色调，为页面增加神秘气氛。
② 文字为灰白色，背景使用大范围白色制造出明快气氛的同时，又与整个页面统一，给人以强烈的视觉刺激，有力地吸引浏览者的目光。

应用于业务推广网页：
① 以大面积的白色作为页面的背景，提高页面亮度。以零星的橙色作为主色调，分散于整个页面，增加了页面的活跃度。
② 以灰蓝色作为辅色，在增加活跃气氛的同时，使用灰色文字使页面活跃而不失稳重，令浏览者印象深刻。

# 8.2 丰收的太阳橙

在网页设计中，太阳橙象征着幸福和亲近，通常用来表达温暖、欢快和活泼的效果，因此太阳橙一直以来都被称为"温暖之乡"的颜色，常用在家庭题材的网页配色上，如图 8-2 所示。

| 基色 | | #f18d00 |
|------|------|---------|
| 配色 | | #f6db10 |
| | | #d63312 |
| | | #1d5e84 |
| | | #ffffff |

该网页以太阳橙为主，使用不同纯度和明度的橙色，体现出欢乐、活跃的年轻态。

图 8-2

## ★ 配色案例 20：产品宣传网页配色

本案例是一个电子产品企业推销广告网页。页面使用大范围的橙色，橙色系具有兴奋度且耀眼的特点，将太阳橙与同色系的不同色相的色彩相搭配，强有力地表达了朝气蓬勃、积极向上的企业精神，同时也带给浏览者以温暖、亲近的感觉。

| 案例背景 | 案例类型 | 产品宣传网页设计 |
|---------|---------|----------------|
| | 群体定位 | 大众 |
| | 表现重点 | 太阳橙与正橙色相比明度更加明净而单纯，给人以健康而活泼的印象。在网页设计中使用太阳橙可以营造出不同的气氛 |
| 配色要点 | 主要色相 | 太阳橙、深灰、白色 |
| | 色彩印象 | 朝气蓬勃、整齐、专业 |

| #f18d00 | #51545c | #ffffff |
|---------|---------|---------|
| | #ffffff | |
| 主色 | 辅色 | 文本色 |

### 设计分析

① 使用白色作为背景，提高了整个网页的明亮度，制造出明快的气氛，用白色文字制造出明快气氛的同时，又与整个页面统一。

② 大范围的橙色使整个页面的视觉刺激极其耀眼强烈。使用明度较低的灰色作为辅色，为整个页面增加了一丝严肃的气氛。

### 绘制步骤

| 第 1 步：新建文件，导入网站 Logo。 | 第 2 步：输入文字，完成网页导航的制作。 |
|---|---|
| 第 3 步：插入图片，绘制图形，完成网页主体内容。 | 第 4 步：插入图片，输入文字，完成页面设计。 |

### 配色方案

| 阳光 | | | 美好 | | |
|---|---|---|---|---|---|
| #f18d00 | #fff571 | #f9c158 | #cde081 | #f18d00 | #eb6ea5 |
| 明朗 | | | 充实 | | |
| #fff798 | #65abdd | #f18d00 | #f18d00 | #fbd8ac | #4694d1 |

## 延伸方案

√ 可延伸的配色方案　　　　　　　　× 不推荐的配色方案

配色评价：

页面中除了可以使用白色作为背景外，也可以搭配辅色，加重整个页面的质感，给人以严肃的感觉。

配色评价：

粉色可以给人甜美、可爱的感觉，与白色搭配更加突出粉色的艳丽，但是用在产品宣传网页中，过于缺乏严肃、正规的感觉，显得有些矫揉造作，缺乏稳重和信任，色彩意向严重不符。

## 相同色系应用于其他网页

应用于产品广告网页：

① 以太阳橙作为整个页面的背景颜色，为页面营造了积极向上的活跃气氛。

② 搭配深紫色为主色，在背景中如镶嵌于黄金项链上的紫色钻石一般，给人高贵而神秘的印象，且很好地突出了主体。

③ 搭配小范围黑色作为辅色，使整个页面更加深沉、稳重。搭配白色的文字让整个页面配色雅致的同时，不缺乏生动的感觉。

应用于企业形象网页：

① 使用白色作为背景，提高了整个页面的明度。使用视觉刺激强烈的橙色作为主色，使主体看起来非常引人注目。

② 在极小范围将视觉刺激强烈的深红色分布于页面左边，起到了很好的引导作用，同时为整个页面增加了一丝神秘气氛。

③ 灰色的文字散布于整个页面，为活跃的页面添加了一丝稳重气氛，使整个页面看起来活跃而不失沉稳。

## 8.3　无邪的杏黄色

杏黄色是一种色相柔和的色彩，它有着天真烂漫的孩子般的无邪，在设计中使用杏黄色能够表达出一种喜悦而舒畅的感觉，如图 8-3 所示。

| 基色 | | #e5a96b |
|---|---|---|
| 配色 | | #f7e4d3 |
| | | #2f2e2c |
| | | #ffffff |
| | | #f51f14 |

该网页中的杏黄色给人以柔和惬意的感觉，黑色和红色的点缀增加了儒雅的气息。

图 8-3

## 8.4　朴素的浅土色

浅土色是一种明度较低的颜色，给人一种朴素而又温和的感觉，通常窗帘或靠垫等日常纺织生活用品的颜色就用浅土色。在设计配色中，比较容易与其他色彩相搭配，能够给人一种典雅的感觉，且不会影响其他色彩效果，如图 8-4 所示。

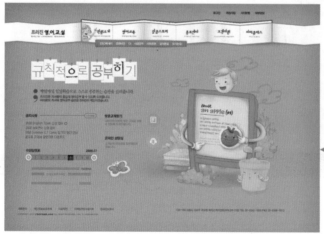

| 基色 | | #f18d00 |
|---|---|---|
| 配色 | | #d3b78f |
| | | #5cd964 |
| | | #000000 |
| | | #fd442f |

该网页使用了太阳橙和浅土色作为主色和背景色，在给人温暖的同时多了一份典雅。

图 8-4

### ★配色案例 21：动画片主题网页配色

制作一个电影动画网页，往往要通过电影的风格来决定网页的风格。要决定一个网页的风格，合理掌握色彩搭配效果是非常重要的。下面通过本网页的色彩搭配分析，教读者如何通过色彩搭配来决定网页的风格。

| 案例背景 | 案例类型 | 温馨的电影动画网页设计 |
|---|---|---|
| | 群体定位 | 少儿及动画片爱好者 |
| | 表现重点 | 给人温暖的印象，符合网页主题内容特征 |
| 配色要点 | 主要色相 | 浅土色、天蓝色、浅灰色 |
| | 色彩印象 | 温馨、艺术 |

| #d3b78f | #97d2ed | #606060 |
|---|---|---|
| 主色 | 辅色 | 文本色 |

### 设计分析

① 将白色作为整个页面的背景色，营造出明快的气氛。网页的主色也就是主题图片的颜色为浅土色，给人以温和的印象，符合网页主题内容特征。

② 搭配明度较高的天蓝色，给人以温馨、欢快的感觉。浅灰色的文字与整个页面的氛围相呼应，给人带来温暖、轻松的感觉。

### 绘制步骤

| 第 1 步：制作导航栏部分。 | 第 2 步：插入色块和主题图片。 |
|---|---|

第 3 步：插入文字和图片。

第 4 步：制作底部信息栏。

## 配色方案

| 甜蜜 | | | 沉稳 | | |
|---|---|---|---|---|---|
| #db8a50 | #d3b78f | #f0eb8f | #dcc059 | #d3b78f | #d07c62 |
| 亲切 | | | 平和 | | |
| #abc63e | #e7b09e | #d3b78f | #d3b78f | #acc619 | #0050b4 |

## 延伸方案

√ 可延伸的配色方案

× 不推荐的配色方案

配色评价：

背景颜色与页面左边的绿色矩形条统一，使其与背景呼应于整个页面，给人以轻松的感觉。

配色评价：

在与影视相关的题材中使用黑色也是常见手法，很多时候甚至会营造出一种酷炫的感觉以及神秘的格调，但是用在动画片主题网页中毫无活跃感。

⊙ **相同色系应用于其他网页**

应用于艺术设计网页：

① 以灰暗的深蓝色作为背景色，使整个页面看起来非常稳重，同时给人一种神秘而又高贵的感受。

② 将明度较高的浅土色作为主色，质朴中带着华丽，主题突出又给人以新颖的感觉。

③ 引入明度较低且范围较小的深红色，惹人注目却不会对视觉产生很强的刺激性，同时为页面添加了活泼、轻松的氛围。搭配褐色文字，使整个页面效果坚实。

应用于美容保健网页：

① 页面将深海的蓝色作为背景色，营造了神秘而沉稳的效果，给人一种清凉而稳重的感觉。搭配大面积浅土色作为主色，突出主题，使页面看起来有凉爽而温馨的感觉，为页面营造了活跃、欢快的气氛。

② 搭配少许深红色作为辅色，不仅点缀了页面，并以其刺眼的颜色特征衬托主题的耀眼度。

③ 明度稍低一点的文字很好地弥补了主体轻浮的颜色特点，使整个页面看起来轻快、灵活的同时，不失稳重效果。

## 8.5　坚实的咖啡色

　　咖啡色是一种明度低的色彩，很容易与其他色彩相搭配，通常用在时装的下装和立体设计的基础部分，如图 8-5 所示。

| 基色 | | #6a4b23 |
|---|---|---|
| 配色 | | #38280e |
| | | #975022 |
| | | #9c9d01 |
| | | #e8ce9b |

这是一个咖啡店网页，使用咖啡色做主色，与产品理念做到高度统一，绿色和棕色增添了时尚感。

图 8-5

## 8.6　安定的棕色

　　棕色也称为茶色，是一种很容易与其他色彩相搭配的颜色，可以用在任何色彩搭配中。棕色给人安全、安定和依赖的印象。它象征着土地的颜色，是一种具有传统气息的色彩，适合用于表现庄重、典雅的气氛，如图8-6所示。

| 基色 | | #713b12 |
|---|---|---|
| 配色 | | #feb54e |
| | | #fff7af |
| | | #5cac0d |
| | | #ffffff |

该网页中使用棕色，与主图上的古典风景表达一致，体现了传统、古朴典雅和经久不衰的特质。

图 8-6

## ★ 配色案例22：高档西餐厅网页配色

近年来，随着东西方文化的相互交融，各类西餐厅如雨后春笋般渐渐崛起。面对激烈的市场竞争，商家需要进行各种形式的推广。

| | 案例类型 | 西餐厅网页设计 |
|---|---|---|
| 案例背景 | 群体定位 | 能接受较高消费的群体、西餐爱好者 |
| | 表现重点 | 给人以醇厚、香甜的印象，符合餐厅网页主题内容特征 |
| 配色要点 | 主要色相 | 深棕色、咖啡色、铬黄色、黑色 |
| | 色彩印象 | 高贵、典雅、时尚 |

| #6a4b23 | #edd77f | #eae1b1 |
|---|---|---|
| 主色 | 辅色 | 文本色 |

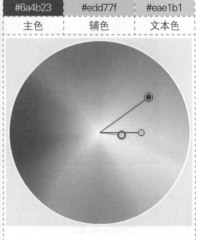

## 🔽 设计分析

① 咖啡色通常给人的印象是欧美宫廷风格的高贵和优雅，所以常用于欧美风格的室内设计的主色调，给人以稳重的感觉，同时散发着一种高贵、优雅的气质。它也可以用在食品网页设计中，接近巧克力的颜色，在营造高贵典雅气氛的同时，也可以增强人们的食欲，给人一种不可抗拒的诱惑力。

② 深棕色的铺垫散发出高贵而稳重的气质。以咖啡色为主色的美食图片，既突出主题又不显得突兀，为页面增添活力的同时，让人垂涎欲滴。

③ 将金黄色作为辅色，散发着华丽与高贵的气息。浅黄色的文字与页面正中央的画框呼应于整个页面，为页面增添了一丝活跃而灵动的气氛，使整个页面看起来轻盈、不沉重。

## 🔽 绘制步骤

| | |
|---|---|
| 第 1 步：插入背景和 Logo。 | 第 2 步：插入主题图片和素材元素。 |
|  |  |
| 第 3 步：绘制底部信息导航栏的形状。 | 第 4 步：在信息导航栏中插入文字和素材元素。 |
|  |  |

## 🔽 配色方案

| 正统 | | | 信赖 | | |
|---|---|---|---|---|---|
| #2d1d3b | #6a4b23 | #a57b5c | #537e51 | #90a16c | #6a4b23 |

| 典雅 | | | 古典 | | |
|---|---|---|---|---|---|
| #7d7892e | #6a4b23 | #556687 | #003f65 | #6a4b23 | #7b7852 |

**延伸方案**

√ 可延伸的配色方案        × 不推荐的配色方案

配色评价：

可以将棕色换为相同纯度的蓝色。这种颜色是一种雍容华丽
的色彩，加上粗糙的质感，同样可以表现出复古高贵的感觉。

配色评价：

红色是食品行业经常应用的一种颜色，可以促进人的食欲，
但并不是西方人偏爱的颜色，与西餐的格调有些不同，当明
度较高的时候，虽然能表现出欢乐，但是有失高贵和沉稳。

**相同色系应用于其他网页**

应用于高端和时尚风格的网页：

① 将明度较低的深棕色作为背景色，给人以沉稳的感觉。深
沉的咖啡色作为主体颜色，同样沉稳而又表现出安定、古
雅、高级的感觉。

② 鲜艳的红色给人食欲的同时，使整个页面看起来更加华丽。
白色的文字强烈地突出了主题。

应用于质朴和典雅风格的网页：

用小面积的黑色与大范围的咖啡色搭配，既突出了主体，又
加强了色彩的质感。加入一抹绿色，增加了页面的活跃度。
白色的文字与页面中的白色色块相呼应，使页面看起来不
沉重。

# 第 9 章 黄色系的应用

黄色是一种非常明艳的颜色，经常用于信号灯、交通标志等醒目标示的颜色。黄色具有知性、阳光、纯洁和幸福等象征意义，给人以明亮、快乐等印象。本章主要介绍网页中黄色的搭配和运用技巧。

## 9.1 开放的鲜黄色

鲜黄色是一种明度较高的色彩。这种明快、积极的颜色让人感觉鲜艳、耀眼，也可以令人食欲大增，被用于食品题材的设计。

在网页设计中使用鲜黄色可以体现欢乐、活跃的积极情绪，给人以醒目、积极向上的印象，在食品行业中常被用来与红色、橙色和粉色等高纯度的暖色进行搭配，通常可以有效调动浏览者的食欲，如图 9–1 所示。

| 基色 | | #fff100 |
|---|---|---|
| 配色 | | #f36823 |
| | | #e0262b |
| | | #ffffff |
| | | #b98c4b |

该网页使用了大量的鲜黄色，显得格外鲜艳、耀眼，与 Logo 和主体的红色形成鲜明对比。

图 9-1

### ★配色案例 23：明艳的商务网页配色

将鲜黄色运用在网页设计中，可以体现网页的个性风格，给人以欢快、活跃的积极情绪，将这种鲜艳的明亮色调与明度低的冷色调相搭配，可以给人以醒目、靓丽而积极向上的感觉。下面一起学习如何在网页配色设计中使用鲜黄色。

| 案例背景 | 案例类型 | 明艳风格的商务网页设计 |
|---|---|---|
| | 群体定位 | 客户群体 |
| | 表现重点 | 给人以光明、希望的印象，符合商务网页主题内容特征 |

| 配色要点 | 主要色相 | 黄色、黑色、深紫色 |
|---|---|---|
| | 色彩印象 | 光明、希望、积极向上 |

| #eddb1f | #1b0b30 | #010101 |
|---|---|---|
| 主色 | 辅色 | 文本色 |

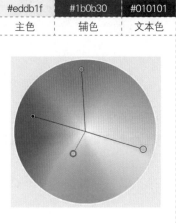

### ➤ 设计分析

① 鲜黄色是一种醒目的颜色，散发出快乐、希望、动感的气息。将这种色相鲜艳的颜色运用在网页设计中，可以很好地表达活跃和时尚个性的感觉。

② 将白色作为背景颜色，为整个页面制造出明快的气氛，给人眼前一亮的感觉。鲜亮的黄色可以突出主题，又不会与背景颜色产生突兀感。

③ 使用深紫色作为辅色，突出主题的同时为页面添加了一丝神秘气息。搭配页面下方的黑色文字，使页面获得等重的呼应，给人以稳重的感觉。

### ➤ 绘制步骤

| 第 1 步：填充浅变背景颜色，导入图片素材。 | 第 2 步：输入标题文字内容，加入强调色。 |
|---|---|

| 第 3 步：完成导航条的制作，插入图标和文字。 | 第 4 步：输入界面文字内容，完善页面结构。 |
|---|---|

## 配色方案

| 聪明 | | | 朝气 | | |
|------|------|------|------|------|------|
| #fff100 | #f0edce | #5f5b85 | #81cddb | #fff100 | #e5a96b |
| 明晰 | | | 动感 | | |
| #f29b7e | #e5a96b | #fff100 | #fff100 | #e5a96b | #c3d94e |

## 延伸方案

√ 可延伸的配色方案　　　　　　　　　× 不推荐的配色方案

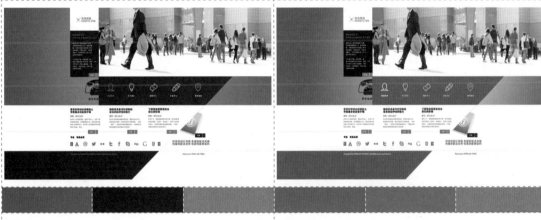

配色评价：
① 使用与黄色互补的蓝色，使整个页面的热度冷却下来，给人一种更加稳重、沉静的感觉。
② 也可以在页面的底部加一块深紫色，并按照上方的斜线进行造型，使整体版式效果更加独特，强化商务风格。

配色评价：
① 使用棕色虽然不缺乏正式感，却过于古朴，给人以陈旧的感觉和刻板的印象，严重缺失现代气息。
② 蓝色与棕色搭配，给浏览者一种不协调感，降低了页面的可信度。

## 相同色系应用于其他网页

应用于通信网页：
① 整个页面只是小范围使用黄色，靠其艳丽明亮的特征给人以醒目的感觉。
② 搭配高纯度的黑色，再辅以浅灰色的背景，使整个页面看起来疏密有致、灵动轻盈，同时又不失端庄。
③ 页面浅灰色的背景与明度较高的黄色搭配，柔和而又轻巧，使整个页面看起来明亮许多。文字颜色与背景颜色的反差恰到好处，很好地装点了页面。

应用于食品饮料网页：

① 整个页面给人以强烈的视觉冲击力。使用鲜黄色到橙色的渐变作为背景，两种较为醒目的颜色互相搭配，突出活力的同时，给人以强烈的视觉刺激。

② 将艳丽的黄色与深红色搭配，给人强烈视觉刺激的同时，又令人食欲大增。加入黑色的文字为整个页面营造出一种活跃、欢快、轻盈的感觉。

## 9.2　幸福的含羞草色

含羞草色能够表现出天生自然的意象。这种颜色的名称取自一种植物的颜色，有一种活力和生机勃勃的跃动感。与黄色一样，这种颜色可以让人联想到幸福。在配色设计中，这种颜色与暖色系和冷色系或中间色调都可以搭配，如图 9-2 所示。

| 基色 | | #edd400 |
|---|---|---|
| 配色 | | #1d5005 |
| | | #000000 |
| | | #ffffff |
| | | #684702 |

自然的薰衣草色和草绿色，更加突出天生自然的印象，使任何颜色作为小面积的点缀都很适宜。

图 9-2

### ★ 配色案例 24：旅游网页配色

自然的含羞草色和草绿色，更能突出自然的印象，给人轻松、愉悦的视觉体验。由于含羞草色明度较高，使用任何颜色都可以作为点缀色。

在旅游网页中使用了大面积的含羞草色，整个页面给人一种幸福、充满活力、生机勃勃的感觉。局部搭配深褐色和绿色，给人一种沉稳、自然的视觉感受。

| 案例背景 | 案例类型 | 商务旅游网页设计 |
|---|---|---|
| | 群体定位 | 旅游爱好者、商务人士 |
| | 表现重点 | 给人沉稳、积极向上的印象，符合商务网页主题内容特征 |
| 配色要点 | 主要色相 | 含羞草色、深褐色、绿色 |
| | 色彩印象 | 稳重、轻松愉悦、生机勃勃 |

| #f1ca00 | #fee682 | #813221 |
|---------|---------|---------|
| 背景 | 主色 | 辅色 |

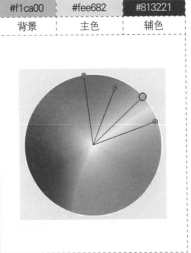

## 设计分析

① 将含羞草色与橙色渐变作为背景，融合两种颜色的优点，为整个页面添加了幸福、温馨并且有活力的跃动感。

② 使用同为黄色系的更浅的黄色作为主色，突出页面内容，使人感觉到纯洁的气息。

③ 小范围的深褐色与黑色的文字相搭配，起到了压制的作用，使整个页面看起来活跃而又不失稳重。

## 绘制步骤

第 1 步：填充渐变背景。

第 2 步：插入图标和导航条形状。

第 3 步：插入形状、文字和图片。

第 4 步：插入素材图片，插入底部信息文字。

⊙ 配色方案

| 滑稽 | | | 欢娱 | | |
|---|---|---|---|---|---|
| #65388f | #ffec3f | #e85298 | #e6002d | #ffec3f | #e85298 |
| 有趣 | | | 搞笑 | | |
| #36318f | #ffec3f | #ea5404 | #62c0b4 | #ffec3f | #ed6d00 |

⊙ 延伸方案

√ 可延伸的配色方案　　　　　　× 不推荐的配色方案

配色评价：
用橙红色作为背景颜色，突出主题的同时，以强烈的视觉冲击力刺激浏览者的大脑，留下深刻印象。

配色评价：
中间使用大片的品红色，整个页面对比强烈，品红色成功吸引了浏览者的目光，但却不能表现重点，另一方面，使主体部分显得黯然失色。

⊙ 相同色系应用于其他网页

应用于影音产品网页：
① 利用褐色同色系中不同的色相变化作为主色，突出立体感，给人以轻盈、温馨的感觉。
② 加入整片含羞草色，增添活跃、动感的气氛。同时搭配中间色调，为整个页面营造出一种悠闲的意境，给人一种放松的感觉。与主体相同颜色的文字，呼应整个页面，制造出自然、和谐的气氛。

应用于亲子网页：
① 整个页面以含羞草色为主色，与背景、文字形成中间色相搭配，营造出自然、和谐的氛围，同时突出主题。
② 加入白色给人天使般纯洁的感觉，草绿色和浅褐色作为辅色，使页面表现出丰富、华丽、不单调的效果。整个页面给人感觉朴素而大方、简洁而丰富。

## 9.3　生动的铬黄色

铬黄是一种略偏橙色的黄色，明度略低于纯黄色，色彩意象也从热情张扬变为健康活力，表现出一种运动的感觉。在网页设计中，将这种颜色作为基本色来使用，会给人一种积极健康、活力四射的感觉，非常适合年轻态的主题表达，如图9-3所示。

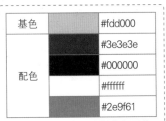

| 基色 | | #fdd000 |
|---|---|---|
| 配色 | | #3e3e3e |
| | | #000000 |
| | | #ffffff |
| | | #2e9f61 |

背景色使用黑色，显得黄色更黄，更加突显了张扬感和运动感，加上白色的加入，对比分明，个性十足。

图 9-3

## 9.4　闪耀的香槟黄

香槟黄给人的感觉像香槟的泡沫一样会轻快地裂开。这种明亮、清澈的色彩最能突出黄色所具备的智慧光芒。使用邻近色的暖色调搭配香槟黄，可以表现出一种轻快的感觉。在网页设计中，将这种颜色作为基本色来使用，会给人以充满希望的印象，如图9-4所示。

| 基色 | | #fff9b1 |
|---|---|---|
| 配色 | | #69630b |
| | | #000000 |
| | | #ffffff |
| | | #f8ee6b |

这是一个汽车销售网页，其中使用了大量的香槟黄与黑色搭配，在体现高端的同时变得醒目。

更多设计资源请点击  黄蜂网 woofeng.cn

图 9-4

### ★配色案例25：精致的美食网页配色

本案例将设计一个美食网页，一定要注意在色彩搭配上不仅仅只是要美观那么简单，还要让浏览者感到有食欲。下面详细了解一下香槟黄的具体配色方法和色块布局方式。

| 案例背景 | 案例类型 | 精致的美食网页设计 |
| --- | --- | --- |
| | 群体定位 | 普通大众群体 |
| | 表现重点 | 香槟黄色由少量黄色和大量的白色调配而成，它的明度与白色非常接近，所以它也受到白色的影响，给人一种纯洁的感觉 |
| 配色要点 | 主要色相 | 香槟黄、红色、绿色 |
| | 色彩印象 | 美味、健康、香辣 |

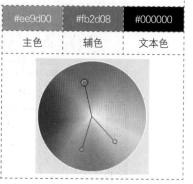

| #ee9d00 | #fb2d08 | #000000 |
| --- | --- | --- |
| 主色 | 辅色 | 文本色 |

## 设计分析

① 使用橙色作为美食网页的主色，让人有食欲大增的感觉。

② 采用小范围的红色和绿色作为辅色，起到了很好的点缀效果，使整个页面看起来色彩丰富。

③ 香槟黄的背景营造了明快的气氛，给人以轻快、放松的感觉。

## 绘制步骤

第1步：填充背景颜色和底纹。

第2步：插入 Logo，制作导航栏。

第3步：插入形状和菜品图片，创建蒙版。

第4步：插入形状、图片和其他文字信息。

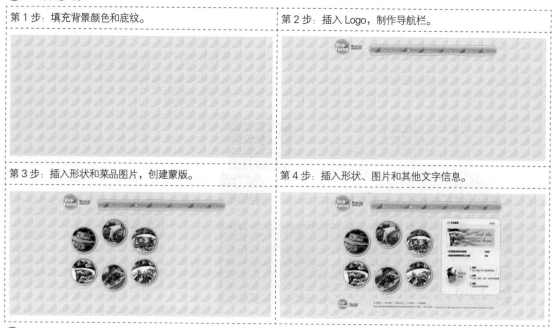

## 配色方案

| 美味 | | | 诙谐 | | |
| --- | --- | --- | --- | --- | --- |
| #e9579a | #f9f2e2 | #fabf33 | #62c0b4 | #65388f | #fabf33 |
| 明晰 | | | 动感 | | |
| #ee8686 | #fabf33 | #d25c9e | #fabf33 | #dde1d6 | #ee8686 |

## 延伸方案

√ 可延伸的配色方案                    × 不推荐的配色方案

配色评价:

① 使用更具口感的橙色与轻快的香槟黄色作为背景,突显页面的层次感,给人以温馨、欢快的感觉。

② 在页面的底部添加一个与页面上方的导航相同渐变颜色的渐变条,就可获得等重的呼应,同时使整个页面看起来更加稳重,不会显得头重脚轻。

配色评价:

① 红和黄的配色在食品行业中十分常用,既能通过高对比度吸引浏览者的眼球,也能引起人们的食欲,然而在"精致"的要求上,却是一种需要谨慎处理的色彩搭配。

② 使用红色作为背景色,色彩的位置、过渡和斜切处理得均不成功,使精致感完全缺失,显得有些俗气和过于简单。

## 相同色系应用于其他网页

应用于化妆品网页:

① 整个网页以香槟黄与白色渐变搭配作为背景色,突出页面的层次感,营造出和谐的气氛,给人以干净、爽朗的感觉。

② 将同色系中显示张扬个性的大范围黄色作为辅色,搭配与其特性完全相反的低调象牙色,不仅突出主题,而且为页面营造了活跃、张扬的气氛,同时小范围的主色使页面看起来沉稳而不单调,华贵而不庸俗。

③ 将零散、刺眼的鲜红色均匀分布在整个页面中,使其在整个页面中突出且与整个页面相呼应,给人以甜蜜、清透的感觉。

应用于包装食品网页:

① 以不同明度的黄色作为背景色,为页面添加了空间感,给人以神秘而又深奥、清凉而又明亮的感觉。

② 与其邻近色相搭配,给人以无法抗拒的食欲感,同时很好地突出主题,给人以眼前一亮的感觉。

③ 页面中使用绿色作为辅助,突出健康食品的主题,同时使页面看起来色彩丰富但不杂乱,不会显得主题颜色与背景颜色相冲突。

④ 白色的文字为页面添加了活跃、明快的气氛,给人一种欢快的跃动感。

# 9.5  童话般的淡黄色

　　淡黄色色相清淡而温柔,给人感觉如奶油般的柔和与甜蜜。这是一种非常招人喜爱的色彩,在设计中即使大范围使用,也不会让人感到过于刺激或单调,反而会使人心情放松。

　　淡黄色也是一种让人感觉非常温暖的颜色,通常像室内灯光会采用这种柔和的颜色,使人心情放松，给人温馨的感觉，如图9-5所示。

| 基色 | | #fef9d9 |
|---|---|---|
| 配色 | | #edece8 |
| | | #96cb3b |
| | | #ffffff |
| | | #874f40 |

该网页中使用淡黄色作为背景色，整个页面简单、温和。搭配纯度较高的绿色、黄色和青色，页面干净、整洁，给人轻松自在的感觉。

图 9-5

## ★配色案例26：休闲食品网页配色

淡黄色通常运用在休闲类的网页设计色彩搭配中，可以表现出一种悠然自得的效果。下面通过对一个休闲食品网页的制作，继续对淡黄色在网页设计中的搭配效果进行详细分析。

| 案例背景 | 案例类型 | 休闲食品网页设计 |
|---|---|---|
| | 群体定位 | 客户群体 |
| | 表现重点 | 淡黄色的背景与纯度很高的咖啡色搭配,能够表现孩童般纯真的感觉。搭配低纯度、低明度的色彩,可以表现出华贵、优美的氛围 |
| 配色要点 | 主要色相 | 淡黄色、草绿色、咖啡色 |
| | 色彩印象 | 纯真、甜美、可口 |

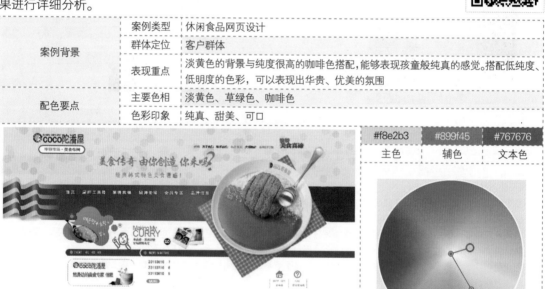

| #f8e2b3 | #899f45 | #767676 |
|---|---|---|
| 主色 | 辅色 | 文本色 |

## 🔁 设计分析

① 淡黄色由一定量的白色与黄色调配而成，同时集合两种颜色的优点，既有白色给人的明亮感，又有黄色给人的轻快感，所以特别招人喜爱。

② 使用小面积的淡黄色与大范围的白色作为背景色，使整个页面明亮却不刺眼。

③ 使用咖啡色作为主色，带给人一种可口的诱惑感觉，同时弥补了大片白色给页面造成的空旷感。

④ 利用草绿色作为辅色，丰富了页面色彩效果，浅灰色的文字加重了页面色彩质量，使页面看起来稳重、不轻浮。

**绘制步骤**

| 第 1 步：插入背景图片和商家 Logo。 | 第 2 步：插入主题文字和图片，绘制导航栏。 |
|---|---|
| 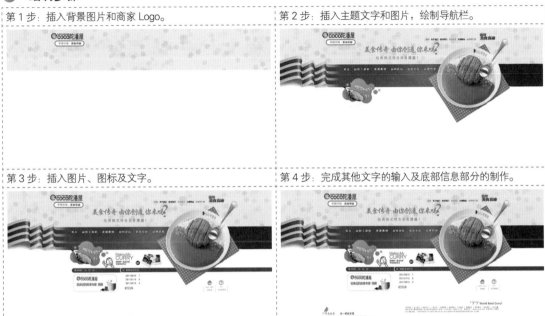 | |
| 第 3 步：插入图片、图标及文字。 | 第 4 步：完成其他文字的输入及底部信息部分的制作。 |

**配色方案**

| 聪明 | | | 朝气 | | |
|---|---|---|---|---|---|
| #f9c159 | #faf5b9 | #e94730 | #faf5b9 | #fed651 | #8cca9d |
| 甜蜜 | | | 动感 | | |
| #db8a50 | #faf5b9 | #d3b78f | #faf5b9 | #f9f2e2 | #f18b00 |

**延伸方案**

| √ 可延伸的配色方案 | × 不推荐的配色方案 |
|---|---|
|  |  |

配色评价：
① 将主色与淡黄色搭配作为渐变背景色，突出页面层次感，同时不会像白色一样看起来有轻飘飘的感觉。
② 为了使页面下方的深色背景不影响文字阅读，最好能够将下方的文字换成浅色。

配色评价：
使用明度和纯度都较高的蓝色，会给人一种清爽、透彻的印象，与淡黄色搭配，增添了一种自然气息，这种搭配虽然更倾向于大自然，但应用于该网页，与主图和产品理念不统一。

### ↘ 相同色系应用于其他网页

应用于女鞋销售网页：

① 整个网页以高明度的黄色及柔和的浅粉色作为背景，给人感觉闪耀而柔和。搭配大面积的淡黄色作为主色，缓和了紧张感，使页面整体显得轻柔、温润。

② 加入少许的同色系高明度的黄色作为辅色，为整个页面添加了欢快、活跃的旋律，给人以轻柔、如家一般温馨的感觉。

③ 深粉色的文字弥补了因背景色范围小而造成的空虚感，与背景色相呼应而又减缓了红色给人造成的视觉疲劳，整个页面给人轻松、欢快、温馨的感觉。

应用于科技类网页：

① 使用淡黄色与橙色搭配作为页面背景，整个页面层次丰富，主题明确，体现出积极、热闹的氛围。页面中搭配大片浅灰色，给人以沉稳、质朴的感觉。

② 小范围的蓝色和青色，使页面色彩更加丰富，给浏览者带来科技感。橙色活跃了整个页面气氛，使页面看起来不单调。

③ 黑色的标题背景，增加了页面的神秘感和层次，将导航清晰地呈现出来。

# 第⑩章 绿色系的应用

绿色是大自然中常见的颜色。绿色与人类息息相关，它代表了生命与希望、和平与安全、恬静与满足，也充满了青春活力，是网页设计中使用广泛的颜色。本章将针对网页设计中的绿色搭配进行学习。

## 10.1 新鲜的苹果绿

苹果绿正如青苹果一样清爽，那青涩的稚嫩让人心情变得格外明朗。它代表着健康与生命，所以经常用于与自然、健康和教育相关的网页。

苹果绿色调明朗、青春，与原色、间色搭配，给人开朗、豪放的印象；与邻近色搭配，呈现出悠然、惬意的印象；与补色或分离互补色相搭配，会呈现一种和谐、舒适的感觉，如图10-1所示。

| 基色 | | #9dc92a |
|---|---|---|
| 配色 | | #f9b634 |
| | | #7d7d7d |
| | | #ffffff |
| | | #ab2e36 |

该网页中的苹果绿与铬黄色搭配，给人清新、自然、活泼的感觉，蓝色和白色增添了纯净、欢乐的感觉。

图 10-1

## 10.2 旺盛的翡翠绿

翡翠绿象征着希望，给人鼓舞，同时也展现出一种强大的生命力。翡翠绿中包含少量的青色，散发着翡翠一般温润的气质，在视觉上不会给人强烈的刺激感，在网页设计中被广泛使用。

翡翠绿是由等量的青色与黄色混合而成，给人内敛的印象。与同类色搭配，可以呈现出华丽的气息和健康的自然氛围；与对比色搭配，使人感觉轻松、优雅，又流露出希望，如图10-2所示。

| 基色 | | #15ae67 |
|---|---|---|
| 配色 | | #e8f243 |
| | | #000000 |
| | | #ffffff |
| | | #c84974 |

翡翠绿与黄色搭配可以给人一种轻松的感觉,与白色搭配更突显页面的纯净和清新。

图 10-2

## ★ 配色案例 27:游戏类网页配色

该案例是一款游戏网页,整个页面以平稳的翡翠绿为主,能表现出自然界的和平与希望。与邻近色的搭配,带来了缓和、舒适的感觉。没有过多艳丽的色彩,但却很好地突显了平和、温润的感觉。

| 案例背景 | 案例类型 | 游戏类网页设计 |
|---|---|---|
| | 群体定位 | 游戏爱好者 |
| | 表现重点 | 浓绿色到翡翠绿的渐变奠定了平和、温润的氛围,清爽、规则的排版干脆利落,银灰色显得更加有质感,产生一种别具一格的效果 |
| 配色要点 | 主要色相 | 翡翠绿、墨绿色、白色 |
| | 色彩印象 | 新鲜、平和 |

| #54d881 | #07784a | #ffffff |
|---|---|---|
| 主色 | 辅色 | 文本色 |

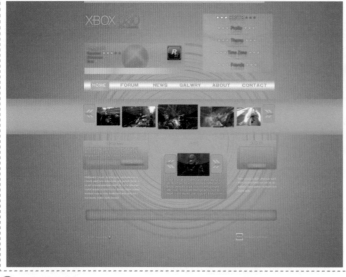

## 设计分析

① 大面积使用绿色,给人以平稳、理智的印象。与邻近色的搭配,呈现出友好、和平的态度,巧妙地安排白色的布局,给人耳目一新的感受。

② 不同纯度的绿色经过巧妙的组合,营造出一个清爽的世界,增添了愉悦的气氛。

## 🔽 绘制步骤

| 第 1 步：填充背景，绘制线条，插入 Logo。 | 第 2 步：插入形状，创建基本结构，输入部分文字。 |
|---|---|
| 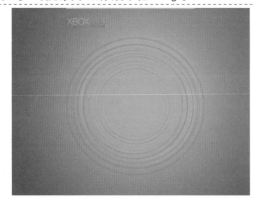 | 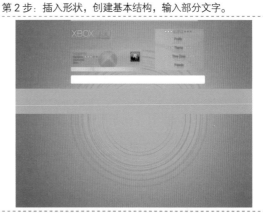 |
| 第 3 步：调整渐变，插入图片，制作导航栏。 | 第 4 步：插入其他形状和图片，输入其他文字。 |
|  |  |

## 🔽 配色方案

| 高调 | | | 朝气 | | |
|---|---|---|---|---|---|
| #2daf61 | #f08200 | #c01920 | #2daf61 | #f5e733 | #eb5525 |
| 明晰 | | | 激情 | | |
| #2daf61 | #e5a96b | #fff100 | #d8220d | #494b9d | #2daf61 |

## 🔽 延伸方案

| √ 可延伸的配色方案 | × 不推荐的配色方案 |
|---|---|
|  |  |

| 配色评价： | 配色评价： |
|---|---|
| 可以将绿色换为邻近的青色。蓝色到青色的渐变色能够构建出非常出色的空间感，配合前景中半透明的框体，时尚感十足。 | 将背景色设置为深灰色，可以很好地突出绿色，且感观舒适，但给人过于厚重的印象。 |

### 相同色系应用于其他网页

| 应用于电子产品类网页： | 应用于品牌饮品网页： |
|---|---|
| 大面积的翡翠绿传达出理智、果断的印象，白色的文字与背景，使页面条理清晰，整体显得自然、和平，用于电子产品类的网页中，更加具有说服力。 | 翡翠绿在背景的衬托下，显得更加清新自然，与同色系搭配表现出整体的和谐统一，营造出健康、自然、和谐的氛围，符合网页的主题。 |

## 10.3　清新的黄绿色

　　黄绿色比较容易与其他颜色搭配，搭配暖色系的深绿色与褐色，非常引人注目。与多种明度较高的多元色彩相搭配，表现一种欢乐的氛围，在白色的背景下，显得更加清新自然，表达对美好、自由生活的向往和追求，如图 10-3 所示。

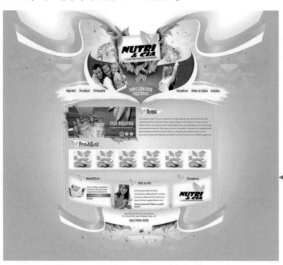

| 基色 | | #cfdc29 |
|---|---|---|
| 配色 | | #4a6520 |
| | | #e5ddae |
| | | #ffffff |
| | | #000000 |

该网页中的黄绿色显得清新自然，与生命力旺盛的绿色和白色搭配，给人以美好、向上的感觉。

图 10-3

### ★配色案例 28：广告类网页配色

　　该案例页面中使用白色作为背景，搭配不同纯度的绿色，使页面呈现色调统一的效果，非常明快。再搭配褐色和黑色，页面风格和谐统一，主题突出，给人一种无限遐想与梦幻般的感觉。

| 案例背景 | 案例类型 | 广告类网页设计 |
| --- | --- | --- |
| | 群体定位 | 广告应用群体 |
| | 表现重点 | 给人以明快、梦幻的印象，符合广告艺术网页主题内容特征 |
| 配色要点 | 主要色相 | 黄绿色、褐色、黑色 |
| | 色彩印象 | 希望、梦幻、艺术 |

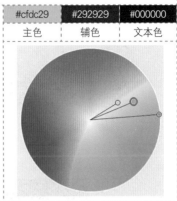

| #cfdc29 | #292929 | #000000 |
| --- | --- | --- |
| 主色 | 辅色 | 文本色 |

## 设计分析

① 黄绿色比较容易与其他颜色搭配，该案例中搭配深绿色和褐色，页面风格保持一致。

② 在白色的背景下，页面显得更加清新自然，表达对美好、自由生活的向往和追求。

③ 红色与黄色作为点缀色，让人感觉温暖、舒服，展现出一幅安静、祥和的美好画面。

## 绘制步骤

| 第 1 步：插入主题图片和 Logo。 | 第 2 步：输入文字，制作导航栏。 |
| --- | --- |
|  | 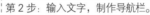 |

| 第 3 步：插入素材图片。 | 第 4 步：插入其他文字和形状，绘制直线。 |
| --- | --- |
|  |  |

## 配色方案

| 鼓舞 | | | 激奋 | | |
| --- | --- | --- | --- | --- | --- |
| #34b59e | #cedd4c | #f2922a | #004ea2 | #cedd4c | #e6225f |

| 热情 | | | 动感 | | |
|---|---|---|---|---|---|
| #890c84 | #cedd4c | #ea5525 | #ffe43f | #f2a06d | #cedd4c |

### 延伸方案

√ 可延伸的配色方案　　　　　　　　× 不推荐的配色方案

配色评价：

可以将天空白云背景改为常规的天蓝色，岛屿也随之改变色调，否则大面积的绿色和蓝色搭配会产生不协调感。

配色评价：

全部使用黄绿色，页面比较整体化，但缺少层次感，主图过于抢眼，导致信息部分不够明朗。

### 相同色系应用于其他网页

应用于水果类网页：

① 大面积的黄绿色既艳丽又明亮，给人新鲜、健康的感觉，符合该类网页的主题。

② 与同色系搭配表现出整体统一的效果，加上热情的红色系，使平淡的页面更加饱满，彰显了温和、亲切、自然的氛围。

应用于生活类网页：

大面积采用绿色系搭配组合，营造出轻松的环境，让人身心放松，仿佛能感受到阳光的滋润和花草的芳香。

## 10.4　昂扬的浓绿色 🔍

　　浓绿色是和平的色彩，具有镇静和抑制亢奋的作用，能够安抚人的心灵，令人感到舒适。浓绿色是翡翠绿加少许的红色和黑色调和而成，色调平稳，纯度偏低，给人一种和谐、融洽的感觉。

　　浓绿色与同类色、邻近色搭配，能够带给人舒爽、缓和的心情；与原色、间色、复色搭配，能展现出张扬、奔放的个性，让人印象深刻；与补色搭配，能展现一幅充裕、富饶的景象，如图 10-4 所示。

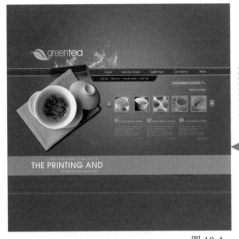

| 基色 | | #3c7d52 |
|---|---|---|
| 配色 | | #139102 |
| | | #3b4a37 |
| | | #ffffff |
| | | #abc317 |

该网页中的浓绿色衬托了黄绿色和翠绿色的新鲜自然，并起到了调和的作用，让人感觉舒适。

图 10-4

## ★配色案例 29：保险行业网页配色

　　浓绿色间夹杂着大红色，营造出苍凉的情景，在背景的衬托下，整个页面又流露一丝冷寂，表达人们对幸福的渴望。

| 案例背景 | 案例类型 | 保险类网页设计 |
|---|---|---|
| | 群体定位 | 保险业客户群体 |
| | 表现重点 | 艳丽的红色搭配清爽的绿色，为视觉带来强烈的冲击，黑、白、灰三色作为背景，为页面增添了几分空旷和寂寥 |
| 配色要点 | 主要色相 | 红色、绿色、灰色、白色、黑色 |
| | 色彩印象 | 层次鲜明、危机感 |

| #347735 | #fb2d08 | #000000 |
|---|---|---|
| 主色 | 辅色 | 文本色 |

## 🔽 设计分析

　　① 绿色是自然和谐的颜色，显得富有生机，给人安心舒服的感觉。搭配灰色的背景给人一种富有品位的印象。

　　② 点缀奔放的红色，显得十分惹人注目，给人成熟的感觉。加入黑色，增添了深邃的魅力。

| 第 1 步：创建页面整体布局。 | 第 2 步：插入主题图片和导航栏文字。 |
|---|---|
| |  |

| 第 3 步：插入形状和主题文字。 | 第 4 步：完成其他文字的输入。 |
|---|---|
|  |  |

## 配色方案

| 舒展 | | | 朝气 | | |
|---|---|---|---|---|---|
| #3d7d53 | #d9e473 | #4dbbaa | #dae24a | #3d7d53 | #7fbf42 |
| 明晰 | | | 平稳 | | |
| #3d7d53 | #e5e866 | #e4007f | #b1dbcb | #42aa91 | #3d7d53 |

## 延伸方案

| √ 可延伸的配色方案 | × 不推荐的配色方案 |
|---|---|
|  | 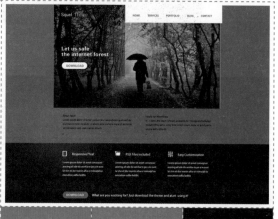 |

配色评价:
使用浓绿色与灰色作为背景，整体感觉和谐统一，红色块与其形成了对比，但并不显得突兀。

配色评价:
红色可以给人危险感，但表现得过分或过多，就会给人造成恐怖的感觉。

### ↴ 相同色系应用于其他网页

应用于商业类网页:
大面积使用浓绿色非常适用于商业网页，给人一种老练、成熟的印象，不经意间让人产生信任感。少量棕色、深蓝色与黑色的点缀，恰到好处地强调了重点。

应用于绿茶品牌网页:
浓绿色与同色系搭配，让人感觉舒适、悠闲，想要亲近大自然，棕色、橙色和红色的点缀使页面不再单调，为页面增添了几分醇厚和复古的气息。

## 10.5 稚嫩的浅绿色

浅绿色纯度适中，明度极高，由少量的青色与绿色调和而成。浅绿色有很强的中立性，给人安静、新鲜、清爽和稚嫩的感觉。又让人感觉到安静中多了一份豁达，给人亲近柔和的印象。

浅绿色与邻近色或同类色搭配，会给人优雅、淡然的舒畅感觉；与对比色搭配，会让人眼前明亮，展现出美好动人的风采；与互补色搭配，可以营造安定、舒适的氛围，如图 10-5 所示。

| 基色 | | #c3e2cc |
| --- | --- | --- |
| 配色 | | #77c231 |
| | | #e1ec84 |
| | | #ffffff |
| | | #000000 |

该网页中明度和纯度不同的绿色搭配，自然、协调、统一，呈现出健康、积极、安定的氛围。

图 10-5

### ★配色案例 30: 生活家居网页配色

浅绿色在网页中是最普遍使用的基本背景色，可以和大部分颜色配合使用，具有清新干净的意味，象征健康、希望。

| 案例背景 | 案例类型 | 家居网页设计 |
| --- | --- | --- |
| | 群体定位 | 追求时尚生活的年轻人 |
| | 表现重点 | 大面积使用浅绿色作为背景，并加以明度的变化，创建出富有层次的视觉效果。苹果绿的点缀强化了页面色调，描绘了一幅如仙境般美好的页面 |
| 配色要点 | 主要色相 | 浅绿色、苹果绿、米黄色 |
| | 色彩印象 | 清新、时尚、环保 |

| #b9f1cd | #699a02 | #c9cdb4 |
| --- | --- | --- |
| 主色 | 辅色 | 文本色 |

### 设计分析

① 大面积的浅绿色作为页面的背景，给浏览者一种稚嫩、清透、凉爽的感觉。

② 与苹果绿搭配，能展现产品青春时尚的气息，散发出宁静、清新的特质，并很好地增加了页面的层次感。

③ 页面焦点图采用了米黄色的主图，与浅绿色搭配，风格统一，主题明确，能够很好地展现产品的特质。

### 绘制步骤

| 第 1 步：插入背景图片，插入 Logo、形状及文字。 | 第 2 步：制作导航栏。 |
| --- | --- |

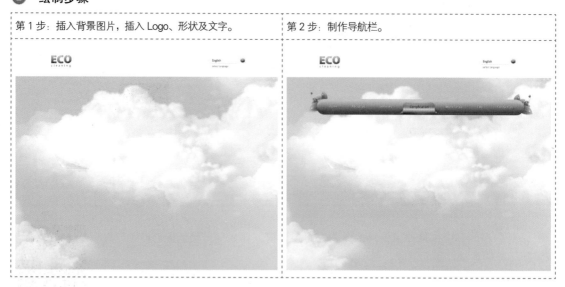

第 3 步：插入形状和主题图片，创建蒙版。

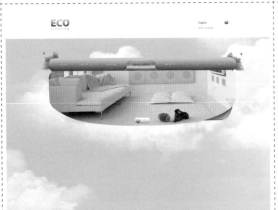

第 4 步：输入文字内容，并使用线条和图片装饰页面。

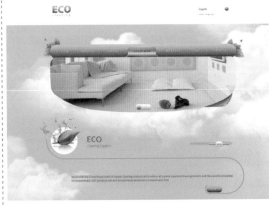

## 配色方案

| 生机 | | | 自然 | | |
|------|------|------|------|------|------|
| #aacf52 | #f5a100 | #66bf97 | #59c3e1 | #f0831f | #aacf52 |
| 萌动 | | | 幼稚 | | |
| #fbe692 | #aacf52 | #bed030 | #f1958c | #aacf52 | #f2eb3d |

## 延伸方案

√ 可延伸的配色方案

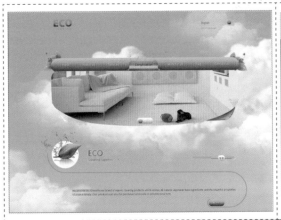

× 不推荐的配色方案

配色评价：
蓝色的天空使页面的亮度提高，再配以绿色，让浏览者能够充分享受到大自然的新鲜空气，使人的心情豁然开朗。

配色评价：
棕色虽然在家居行业是常用的颜色，但多用来体现古典与品质，一般不会被用于体现现代感的产品。

⊘ **相同色系应用于其他网页**

 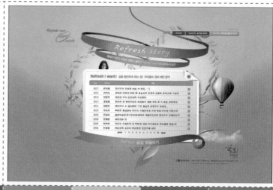

应用于儿童主题网页：

这是一个儿童教育网页，运用柔和的浅绿色作为背景色，给人方便、安定的感觉。绿色象征着希望、健康，充满生机。页面既展现出孩子的稚嫩可爱，也给人清新和活力的感觉。

应用于旅游主题网页：

背景采用从深绿色到浅绿色的自然过渡，页面清新而柔和。添加纯洁的白云图片作为点缀，共同营造柔美和谐的氛围，令人心情舒畅。

# 10.6　高贵的孔雀绿

　　孔雀绿拥有像孔雀一样的高贵与优美，给人一种精美和有品位的感受。孔雀绿是由青色掺入一定量的绿色调和而成，纯度和明度都适中，不浓艳，不疏离，也不黯淡，透露出一股舒适的感觉，如图 10-1 所示。

　　与同类色、邻近色搭配，表现出一种宁静、自然、和谐的气息；与对比色搭配，可以展示出秀丽美好的效果；与互补色搭配，给人一种活跃、友好的感觉，体现对生活的积极性，如图 10-6 所示。

| 基色 | | #008077 |
| --- | --- | --- |
| 配色 | | #8eea0d |
| | | #000000 |
| | | #ffffff |
| | | #faff03 |

页面中大面积的孔雀绿给人宁静、舒适的感觉，深绿色的加入增添了深沉感，黄色和亮绿色为页面增添了活跃气氛。

图 10-6

# 第 (11) 章　蓝色系的应用

蓝色给人镇定、庄重、理智的印象，同时又给人冰冷的感觉，使人联想到大海、湖水和天空。蓝色象征青春、成功、正直和信用等，被大量应用于商业性网页。

## 11.1　冷静的天蓝色

清新透彻的天蓝色总能让人联想到广阔的天空，让人觉得开放自由。微凉的色感给人沉着冷静之感，运用到设计中可以展现出理智正规的气质。

天蓝色与不同明度的蓝色系色彩进行搭配，能够传达出清醒冷静、果断理智的效果；与纯度高的色彩进行搭配，让人心情舒畅，营造了健康、活泼的氛围，如图 11-1 所示。

| 基色 | | #0066ff |
|---|---|---|
| 配色 | | #7a9b2a |
| | | #ee8903 |
| | | #ffffff |
| | | #000000 |

宁静的天蓝色和草绿色给人清新、自由的感觉，既透彻又爽朗，与洁净的白色搭配，能安抚人的心灵。

图 11-1

## 11.2　清澈的水蓝色

水蓝色如同清澈的河水，让人心旷神怡，水蓝色色调明亮，总给人一种生机勃勃的感觉，适用于夏日饮品类网页或广告中，清澈的色相展现出滋润、凉爽的感觉，在烈日炎炎的夏日带给人一丝凉意。

水蓝色与同色系搭配，给人一种温和、清爽、洁净的感觉；与对比色搭配，能够表现出一种时尚感，如图 11-2 所示。

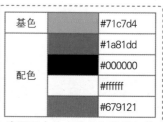

| 基色 | | #71c7d4 |
|---|---|---|
| 配色 | | #1a81dd |
| | | #000000 |
| | | #ffffff |
| | | #679121 |

该网页中的水蓝色和草绿色搭配，给人温和、清爽的感觉，加入白色和黑色，多了一份正式和端庄的感觉。

图 11-2

## ★配色案例 31：体育类网页配色

通过红、绿、蓝三色进行组合，在白色的映衬下，顿时页面热闹起来，让人联想起热烈精彩的足球赛场，大胆的配色洋溢着青春别样的风采，将人的激情调动起来。

| 案例背景 | 案例类型 | 体育类网页设计 |
|---|---|---|
| | 群体定位 | 体育爱好者、足球爱好者 |
| | 表现重点 | 将红色与水蓝色两种比较鲜明的色彩进行搭配，能够给人以强烈的视觉冲击力，起到振奋精神的作用 |
| 配色要点 | 主要色相 | 红色、水蓝色、绿色 |
| | 色彩印象 | 热闹、精彩、激情 |

| #72c7d4 | #d8361d | #5c9534 |
|---|---|---|
| 主色 | 辅色 | 点缀色 |

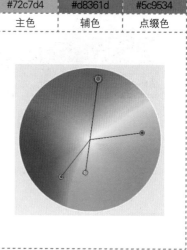

### 🔽 设计分析

① 红色的背景强烈刺激着浏览者的视觉系统，加入等面积的水蓝色，增强了页面的对比和视觉冲突，吸引浏览者的注意。

② 绿色作为点缀色在红色的衬托下更具活力，能为浏览者带来充分的愉悦感，页面整体给人昂扬的斗志和挑战的动力。

③ 白色的背景下使用灰色的文字，既保证了整体页面的色调，又提高了文字的可读性。

## 绘制步骤

第 1 步：填充背景，插入线条和 Logo。

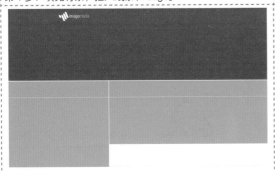

第 2 步：插入图片，创建基本结构，输入部分文字。

第 3 步：绘制图形，输入文字，完成页面主体部分。

第 4 步：继续输入其他文字，完成页面版底内容。

## 配色方案

| 写真 | | | 轻松 | | |
|---|---|---|---|---|---|
| #0095aa | #bde0d6 | #60c1bd | #60c1bd | #dbe6ed | #bfdead |
| 清淡 | | | 自在 | | |
| #00a9df | #dbe6ed | #60c1bd | #5e90cc | #c7e1f5 | #60c1bd |

## 延伸方案

√ 可延伸的配色方案

× 不推荐的配色方案

配色评价：
黄绿色与浅绿色搭配给人一种清新的感觉，页面充满希望和生命力，有一种鲜活的青春气息。

配色评价：
页面中大面积的水蓝色给人清爽怡人的感觉，但颜色太过单一，在衬托主图的同时也有降噪的作用，页面显得过于沉静。

### ❸ 相同色系应用于其他网页

应用于夏日饮品类网页：
清爽的蓝色，让人联想到海洋的辽阔与惬意，页面中使用了局部的绿色，搭配具有视觉传导性的冰块图片，给人一种清爽、宁静的感觉。

应用于文创产品网页：
水蓝色给浏览者带来轻松、明快的印象。加入橙色、红色和绿色的点缀，使页面更加活泼。灰色背景的衬托，使页面呈现出一种典雅的文学气质。

## 11.3 正派的深蓝色

深蓝色有较高的纯度，给人一种冷静、简洁的感觉。它不仅拥有蓝色系的镇定、冷静、理智等特征，还具备冷酷、正派的特点，适用于办公、商务类型的网页，能够给人留下稳重与理智的印象，如图 11-3 所示。

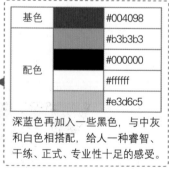

| 基色 | | #004098 |
|---|---|---|
| 配色 | | #b3b3b3 |
| | | #000000 |
| | | #ffffff |
| | | #e3d6c5 |

深蓝色再加入一些黑色，与中灰和白色相搭配，给人一种睿智、干练、正式、专业性十足的感受。

图 11-3

深蓝色属于高纯度的色彩，与同类色、邻近色搭配，更能彰显出其幽深、智慧的色相特征；与对比色搭配，会呈现出奋发向上的效果，激发人的积极性。

## 11.4 温馨的浅蓝色

浅蓝色是由少量青色与黄色调和而成的色彩，适合作为过渡色。浅蓝色与同类色、邻近色搭配，能表现出清爽、洁净的感觉；与对比色搭配，能营造出朦胧而美好的页面，给人一种梦幻般的感觉，如图 11-4 所示。

| 基色 | | #e0f1f4 |
|---|---|---|
| 配色 | | #c8dd5d |
| | | #ef3f22 |
| | | #ffffff |
| | | #f5e6ee |

浅蓝色也称婴儿蓝，一般被认为是男孩的颜色，与浅桃色搭配，体现出纯洁与天真，红和绿的加入给人温暖和健康的感觉。

图 11-4

## ★ 配色案例 32：饮食网页配色

　　饮食类网页通常使用红色、橙色或者黄色这些具有口感的颜色。但这些颜色也会给人喧闹、烦躁的感觉，当表现西餐类食物时，可以使用浅蓝色、米黄色这些饱和度不高的冷色调颜色突显西餐的特点与品位。

| 案例背景 | 案例类型 | 饮食类网页设计 |
|---|---|---|
| | 群体定位 | 美食家、健康饮食者 |
| | 表现重点 | 浅蓝色作为页面的背景，给人留下健康、干净的印象，搭配小面积的棕色和金盏花色，将页面的主题很好地呈现出来，同时又不会突兀 |
| 配色要点 | 主要色相 | 浅蓝色、金盏花色、棕色 |
| | 色彩印象 | 清淡、健康、营养 |

| #e0f1f4 | #fdb002 | #4d2703 |
|---|---|---|
| 主色 | 辅助色 | 文本色 |

◤ **设计分析**

① 采用浅蓝色与同色系搭配作为背景，显得格外温馨、舒适。

② 在背景的衬托下，作为补色的橙色显得格外耀眼，一些红色的点缀，表现出了健康、自然的状态。

③ 棕色文字的使用既集成了橙色和红色的口感，又很好地降低了与浅蓝色背景颜色的冲突。

◤ **绘制步骤**

第1步：创建页面整体布局，并完成顶部导航条的制作。

第2步：插入主题图片，制作导航栏二级菜单。

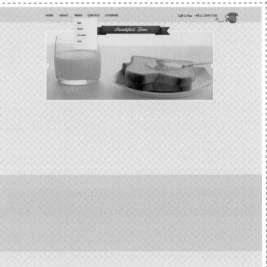

第3步：完成页面内容框架的制作，并添加装饰图像。

第4步：完成其他文字的输入。

◤ **配色方案**

| 聪明 | | | 朝气 | | |
|---|---|---|---|---|---|
| #fff100 | #f0edce | #81cddb | #81cddb | #fff100 | #e5a96b |
| 明晰 | | | 动感 | | |
| #f29b7e | #e5a96b | #81cddb | #ffe43f | #81cddb | #c3d94e |

### 延伸方案

√ 可延伸的配色方案　　　　　　× 不推荐的配色方案

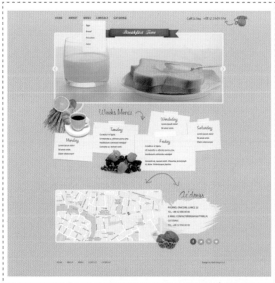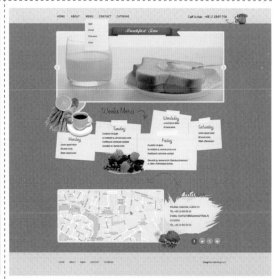

配色评价：
使用明亮的橙色作为背景，给人热情、温暖的感觉，适用于饮食类网页。配以鲜明的食品图片，能够引起用户的兴趣。

配色评价：
红色可以给人危险感，但表现得过分或过多，就会给人造成恐怖的感觉。

### 相同色系应用于其他网页

应用于儿童类网页：
大面积的浅蓝色，带给人温馨、抚慰，与清爽的绿色和蓝色搭配，让人感觉清澈和明亮。热情的橙色和黄色，使页面更加丰富多彩，营造出轻松、随意的气氛。

应用于卡通类网页：
浅蓝色的天空，带给人清爽、透彻的感觉，营造出一种干净、明朗的气氛。嫩绿色与红色的搭配表现出动态的效果，鲜明的色彩使页面充满了活力。

## 11.5　爽快的蔚蓝色

　　蔚蓝色有着纯净、清爽的色相，犹如万里晴空的色彩，让人感到空旷、辽阔，给人舒适、放松的心情。同时蔚蓝色拥有蓝色的理性特征，流露出洗练的感觉，适用于商务类网页，如图 11-5 所示。

| 基色 | | #22aee6 |
|---|---|---|
| 配色 | | #058ddb |
| | | #f16776 |
| | | #ffffff |
| | | #99ca3b |

蔚蓝色是高纯度的蓝色，与白色搭配，给人可爱、纯粹、美好的印象，粉红色和绿色的点缀显得灵活多彩。

图 11-5

　　蔚蓝色与同色系、相近色搭配，呈现出可爱、朝气的印象；与原色、间色、复色搭配，会呈现出生气十足的印象；与对比色搭配，呈现出一幅优美、随意的页面。

## ★配色案例 33：冰雪运动项目网页配色

　　该案例中大面积的蔚蓝色给人清凉、冰冷的感觉，与同类色相搭配，表现出整体统一的效果。加以红色的点缀，可以表现出一种动态的美感。

| 案例背景 | 案例类型 | 冰雪运动项目网页设计 |
|---|---|---|
| | 群体定位 | 冰雪运动爱好者 |
| | 表现重点 | 蔚蓝色与其同色系的水蓝色搭配，表现多层次的搭配效果。灰色的介入，能够更好地体现冰雪运动的魅力 |
| 配色要点 | 主要色相 | 蔚蓝色、水蓝色、浅灰色 |
| | 色彩印象 | 运动、坚强、自由 |

| #49b7dc | #1c94ce | #000000 |
|---|---|---|
| 主色 | 辅色 | 文本色 |

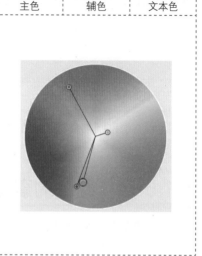

**设计分析**

① 纯度高的蔚蓝色清凉感比较强，像水一样，有一种冰凉和清透的效果，蔚蓝色与灰色搭配，构成了一个冰凉的世界，令人心旷神怡。

② 黑色和灰色的点缀，可以很好地表现冰雪运动的冰冷魅力。局部使用红色点缀，可以很好地表现出一种动态的美感。

**绘制步骤**

| 第 1 步：创建整体布局，确认主色。 | 第 2 步：插入图片和背景纹理。 |
|---|---|

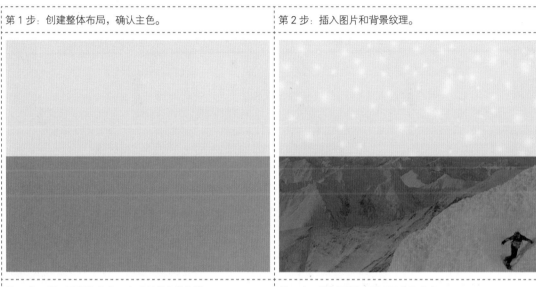

| 第 3 步：插入形状和文字，完成导航条的制作。 | 第 4 步：绘制图标，插入图片和文字。 |
|---|---|

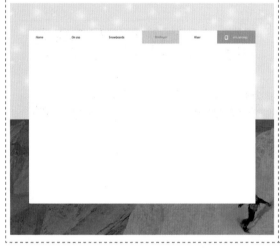

**配色方案**

| 鲜亮 | | | 聪颖 | | |
|---|---|---|---|---|---|
| #00b3cd | #5dc2d0 | #f6f6c0 | #c9c9ca | #65aadd | #5dc2d0 |

| 机智 | | | 浅薄 | | |
|---|---|---|---|---|---|
| #5dc2d0 | #bad4ef | #187fc4 | #dc5f9f | #5dc2d0 | #b0acd2 |

⬇ **延伸方案**

√ 可延伸的配色方案　　　　　　　　　　× 不推荐的配色方案

配色评价：

将页面中的导航颜色由灰色修改为橘黄色。与蓝色形成很强的视觉对比的同时，也很好地增加了页面的动感。

配色评价：

将页面背景的颜色由灰色修改为橘黄色。等面积的两种颜色发生了强烈的视觉碰撞，浏览者会感到无所适从。

⬇ **相同色系应用于其他网页**

应用于工业类网页：

该页面中使用丰富的色彩展现精密、强大的机械机构，用鲜明的蔚蓝色搭配温暖的色系，构成个性的页面，体现出一种艺术气息，使用白色调和来表现舒适的感觉。

应用于度假主题网页：

大面积的蔚蓝色给人亲切和自由感，黄色和红色的点缀，使页面明朗而富有活力，展现游玩的乐趣，鲜明的图片给人留下了深刻的印象。

# 11.6　镇静的深青色 🔍

　　青色有着镇定的特性，这种色彩可以缓解忙碌而紧张的生活。青色中含有少量的红色，正是红色使青色具有蓝色的平缓和镇静，所以非常适合用于休闲类网页，使人心情得到放松和清净，如图 11-6 所示。

| 基色 | | #058ddb |
|---|---|---|
| 配色 | | #3cfefe |
| | | #12a1ff |
| | | #ffffff |
| | | #b9b9b9 |

深青色与浅青色搭配，给人一种闪烁的科技感，呈现出梦幻、灵动和神秘的感觉。

图 11-6

青色与同类色、相近色搭配，呈现出辽阔、深远而神秘的效果；与原色、间色、复色搭配，呈现出鲜艳夺目、神采飞扬的效果；在灰色调中，则会呈现一幅苍劲有力、意味深长的页面。

## ★配色案例 34：简洁的游戏类网页配色

青色与玫红色形成对比，将青色的冷静发挥得淋漓尽致。搭配同色系，给人幽深莫测的感觉，散发出诡异的魅力，玄妙又深邃，给人一种神秘之美。

| 案例背景 | 案例类型 | 游戏类网页设计 |
|---|---|---|
| | 群体定位 | 青年人、游戏爱好者 |
| | 表现重点 | 使用深青色和浅青色搭配，表现页面的神秘感。搭配玫红色，对比强烈，增加页面的诡异感 |
| 配色要点 | 主要色相 | 深青色、浅青色、玫红色 |
| | 色彩印象 | 神秘、老练、玄妙 |

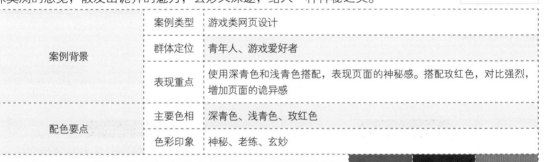

| #2b6882 | #00344b | #ee4e8e |
|---|---|---|
| 主色 | 辅色 | 文本色 |

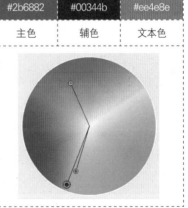

### 设计分析

① 青色搭配同色系共同营造出空旷、神秘的氛围，使其呈现一种立体感。

② 在背景的衬托下，玫红色散发出神秘的气息，显示出细腻、柔和的质感，使暗浊的色调体现出奇幻的神秘之感。

③ 用少许白色增添了平静和沉稳感，给人一种精彩绝伦的视觉感。

### ◐ 绘制步骤

| 第 1 步：创建页面主要版块结构，完成顶部导航的制作。 | 第 2 步：插入网页的 Logo，并确定主题文字和颜色。 |
| --- | --- |
|  |  |
| 第 3 步：插入核心图片，并完成修饰。 | 第 4 步：完成页面装饰图片的制作。 |
|  |  |

### ◐ 配色方案

| 扎实 | | | 丰富 | | |
| --- | --- | --- | --- | --- | --- |
| #0d5e6d | #8b002f | #d44e5a | #0d5e6d | #fac251 | #c0202e |
| 强力 | | | 猖狂 | | |
| #0d5e6d | #000000 | #e6002d | #0d5e6d | #000000 | #f08200 |

### ◐ 延伸方案

| √ 可延伸的配色方案 | × 不推荐的配色方案 |
| --- | --- |
|  |  |
| 配色评价： | 配色评价： |
| 为页面顶部的导航条添加玫红色背景。与页面中的标题文字形成很好的对称。同时温柔的玫红色很好地降低了页面的诡异感。 | 将页面的背景颜色更改为玫红色的同色系颜色，页面的刺激感和神秘感随之消失，与游戏网页想要传达的设计意图不符，不是一种好的配色方案。 |

### 相同色系应用于其他网页

应用于商务网页：

大面积的青色让人觉得镇定，并且拥有真诚的内在和从容的气质，一些红色的加入，给人理智、洗练的印象，同时吸引人的注意。

应用于数码配件网页：

蓝色总是让人联想到科技，使用青色使页面显得老练成熟，给人信任感。在青色的衬托下，白色显得更加洁净、大方，传递出商务与理性的气息。

# 第12章 紫色系的应用

紫色是一种神秘而美丽的色彩。自古以来，就是尊贵和身份的代名词。故宫称为"紫禁城"，古罗马仅有贵族才被允许穿着紫色服饰，而在基督教中，紫色则代表至高无上和来自圣灵的力量。

## 12.1 清纯的丁香紫

丁香紫中含有大量的蓝色，并且明度较高，展现出清新脱俗的感觉，就像清新纯美的丁香一样散发着青涩的柔美气息，甚为惹人怜爱，如图12-1所示。

| 基色 | | #bba0cb |
| --- | --- | --- |
| 配色 | | #b1adc8 |
| | | #000000 |
| | | #ffffff |
| | | #efe6f9 |

使用清淡的丁香紫衬托主产品的颜色，层次分明且协调一致，黑色和灰色的加入增加了品质感。

图 12-1

丁香紫是一种清新而纯美的颜色，充满着浪漫而柔美的气息。这种颜色是由紫色大幅度降低纯度而得到的，紫色的华丽和贵气得到了抑制和减弱，取而代之的是一种小家碧玉的清新柔美感。

### ★配色案例35：甜点网页配色

本案例主要制作了一个清爽干净的甜点页面，页面使用深浅不一的丁香紫作为主色调，配合色彩温暖明亮的图片和文字，整个页面显得无比清新、柔美，仿佛整个视觉和味觉都已沉浸在甜美的味道中。

| | 案例类型 | 清爽的甜点页面设计 |
| --- | --- | --- |
| 案例背景 | 群体定位 | 美食家、甜点爱好者 |
| | 表现重点 | 使用色调柔和的甜点图片作为焦点图，强调了温暖而亲和的感觉。文字颜色采用了白色和略深的紫色，提升了整体色调的协调统一性 |

| 配色要点 | 主要色相 | 丁香紫、蔷薇粉、白色 |
|---|---|---|
| | 色彩印象 | 温暖、亲和 |

| #d6d5e7 | #ff5e76 | #ffffff |
|---|---|---|
| 主色 | 辅色 | 文本色 |

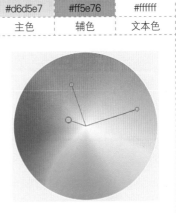

### 设计分析

① 页面采用白色作为背景色，不同明度的丁香紫则被用来分割不同的功能区，整个页面呈现出清爽、明净的感觉，而且具有一定的空间感和景深感。

② 页面中多次使用丁香紫到白色的渐变色作为背景，并巧妙地与前景中的图片和文字相结合，强调出页面的空间感。

③ 页面中的其他辅助性色彩同样选用了一些色调柔美温和的颜色，既能起到点缀页面的作用，又能保证色彩的协调性。

### 绘制步骤

第 1 步：创建整体布局，插入 Logo，制作导航栏。

第 2 步：插入产品图片，调整图片大小和位置。

第 3 步：添加标题、形状和说明文字。

第 4 步：插入底部信息栏的形状和文字，完成制作。

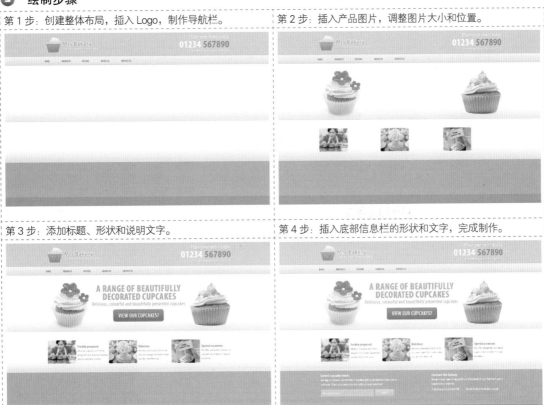

**配色方案**

|  | 娇羞 |  |  | 单纯 |  |
|---|---|---|---|---|---|
| #ecf2c5 | #fadcc9 | #ba9dc8 | #cbdaf0 | #fff7c6 | #ba9dc8 |
| 文雅 |  |  | 轻浮 |  |  |
| #d5ead7 | #ba9dc8 | #d6d49f | #ba9dc8 | #f7c7dc | #cfcbe5 |

**延伸方案**

√ 可延伸的配色方案

× 不推荐的配色方案

配色评价：

可以将页面主色改为同色系的粉紫色，同样可以表现出页面柔美甜蜜的感觉。相应的按钮颜色也要改变。

配色评价：

大量的蓝色有清透的感觉，应用在食品页面中，更适合冷食或冷饮，应用在此处，缺乏甜腻感。

**相同色系应用于其他网页**

应用于女性用品网页：

① 丁香紫是一种温和妩媚的颜色，有着很明显的女性特征，在女性化妆品和甜点网页中常用。

② 整个页面是以浅浅的丁香紫为主色调，背景还采用了极具女性气质的花朵来烘托气氛，一种柔美、轻松的感觉扑面而来。

③ 采用同色系的艳丽紫色作为辅色，以提高页面的协调感，黑色的文字极易阅读。

应用于儿童玩具网页：

① 该页面以稍偏蓝一些的丁香紫作为背景，表现出甜蜜、清凉的感觉。

② 前景同样采用橙黄、嫩绿和粉红等温暖的颜色，一种夏日的清爽感呼之欲出。

③ 页面中的文字很少，大片可爱的卡通类插图使页面热闹无比，使人有强烈的点击欲望。

# 12.2 神圣的正紫色

紫色是高贵神圣的颜色。紫色混合了红色和蓝色，所以它的色彩意向兼具红色的华丽高贵和蓝色的冷淡疏远，给人以可远观而不可亵玩的距离感，如图 12-2 所示。单独使用紫色可以表现出神圣感，与高纯度的色彩搭配使用，则可以表现出华丽感。

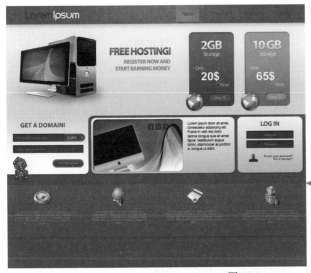

| 基色 | | #8b4899 |
|---|---|---|
| 配色 | | #3178b6 |
| | | #96d649 |
| | | #ffffff |
| | | #d1d1d1 |

该网页中的紫色和灰色的搭配体现了品质和高贵的印象，蓝色和绿色给人科技创新的感觉。

图 12-2

## 12.3 低调华丽的深紫色

与紫色比起来，深紫色更显低调而端庄，就像一位隐藏在暗处的女皇，即使不处于众人目光的焦点，仍然无法掩饰满身的贵气和庄重。

深紫色由紫色降低明度而来，但仍保持原始的高纯度。紫色是一种妩媚而又庄重的色彩，如果说粉红色代表妩媚，桃红色代表妖娆，那么紫色就代表华贵，是贵族和权力的象征。紫色的明度降低后，这些意象仍然存在，同时又显得更加低调沉稳、耐人寻味，很多有实力的大企业更喜欢使用深紫色作为网页的主色，如图 12-3 所示。

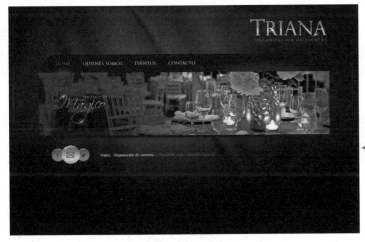

| 基色 | | #580070 |
|---|---|---|
| 配色 | | #afaab0 |
| | | #000000 |
| | | #ffffff |
| | | #9154b3 |

深紫色的妩媚给人以奢华的印象，黑色增加了庄重感，淡紫色和白色的融入给人以绚丽丰富的感觉。

图 12-3

**★配色案例 36：手机网页配色**

本案例是一款华丽的手机页面。该页面中各种元素的用色和特殊效果都非常简单，但十分精致，制作时要拿捏好尺度。

| 案例背景 | 案例类型 | 手机网页设计 |
|---|---|---|
| | 群体定位 | 数码爱好者、手机用户 |
| | 表现重点 | 采用深紫色作为页面的背景色，营造出神秘低调而大气高贵的感觉，精美的图像和紧凑的排版方式表现出一种恰到好处的正规和品质感，白色云朵图案的应用和铬黄、青色两种色彩的点睛，使深色背景带来的沉闷感一扫而空 |
| 配色要点 | 主要色相 | 深紫色、铬黄色、青色、白色 |
| | 色彩印象 | 科技、神秘、低调 |

| #372443 | #65cbde | #ffffff |
|---|---|---|
| 主色 | 辅色 | 文本色 |

 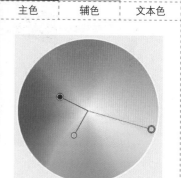

### 设计分析

① 该页面采用了深紫色作为主色调。深紫色是通过降低红紫色的明度得来的。明度大幅降低后，红紫色调具有的轻佻感被抑制，色彩意象趋向于高贵和端庄。

② 为了防止低明度的色彩过于沉闷，页面中多次使用青色、铬黄等活泼的颜色，既起到平衡页面的作用，又增加了页面的科技感。

### 绘制步骤

第 1 步：填充渐变背景和圆角矩形。

第 2 步：输入文字，制作导航栏，插入图片并输入其他文字内容。

第 3 步：插入产品主图。

第 4 步：插入文字、形状，制作底部信息栏。

### ❱ 配色方案

| 敏锐 | | | 明智 | | |
|---|---|---|---|---|---|
| #432f79 | #6677b9 | #1587af | #432f79 | #728cba | #895335 |
| 伶俐 | | | 聪明 | | |
| #432f79 | #c7e8fa | #65a9dd | #432f79 | #e6e6e6 | #65a9dd |

### ❱ 延伸方案

| √ 可延伸的配色方案 | × 不推荐的配色方案 |
|---|---|

配色评价：
① 可以将页面中的蓝色图标调整为紫色，使页面基调颜色更接近，提高了页面的协调性。
② 将 4 个按钮移到页面上方，手机的位置稍作调整，以保证页面留白。调整后的文字、黄色图标和 4 个按钮将不再对齐，增加了页面布局的灵活性。

配色评价：
① 黄色和紫色是对比色，给人以强烈的刺激感，当页面中只有一小部分黄色时，这部分黄色看上去会更耀眼。
② 当紫色和黄色在页面中的占比都比较大时，黄色部分反而不会那么突出，而且整体上多了些动感的感觉，而在这款页面中，黄色会让主图有些黯然失色。

### ❱ 相同色系应用于其他网页

应用于女性美容美体网页：
① 页面采用深紫色作为主色调，比起粉红色来说少了一些轻佻，多了几分端庄低调。
② 为了降低深色的沉闷感，页面使用大量的白色平衡色彩。流线型的运用强调了流动感和柔美感。

应用于影视媒体类网页：
① 页面整体看来显得正规而庄重，尽管使用了大面积的紫色和玫红色，但却没有一丝女性的柔美。
② 由于直线和多边形反复排列带来的视觉感受，这里的紫红色调主要是用来打破版式的刻板。

## 12.4　雅致的菖蒲色

拥有典雅气质的菖蒲色最适合展现雅致的特质。它与白色搭配可以表出典雅的感觉，与蓝色搭配能够产生很好的协调感，搭配少量的明艳色彩则会显得个性十足，如图 12-4 所示。

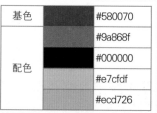

| 基色 | | #580070 |
|---|---|---|
| | | #9a868f |
| 配色 | | #000000 |
| | | #e7cfdf |
| | | #ecd726 |

该网页中大面积铺满明暗不同的菖蒲色，神秘与妖媚间带着清透的感觉，黄色的加入使整个页面不会太过暗沉。

图 12-4

菖蒲色中蓝色比红色的成分略少，所以妖媚的效果略低，理性和疏离感略占上风，整体呈现出一种雅致的感觉。明度相对较低，有效压制了其独有的张扬和惹眼，使菖蒲色更加理性和优雅。

## ★配色案例 37：电子产品网页配色

本案例是一款清爽的电子产品页面。页面中的元素很少，而且文字也全部拆分为小块状进行排版。另外页面中的色块都是比较规则的形状，也没有过于明显的高光、投影等逼真的拟物效果，是一款很漂亮的扁平化作品。

| 案例背景 | 案例类型 | 电子产品网页设计 |
|---|---|---|
| | 群体定位 | 电子产品用户、数码产品爱好者 |
| | 表现重点 | 页面的用色超级简洁，通篇只有黑、白、紫三种颜色，巧妙、合理的布局方式使最简单的色块和最普通的文字瞬间拥有了最大化的表现方式，整个页面效果严谨合理而又舒畅通透 |
| 配色要点 | 主要色相 | 菖蒲色、黑色、白色 |
| | 色彩印象 | 严谨、舒畅、简洁 |

| #6443a5 | #ffffff | #222222 |
|---|---|---|
| 主色 | 辅色 | 文本色 |

## 设计分析

① 该案例使用白色作为整个页面的背景色，用一块菖蒲色作为焦点图的背景，整体效果极为协调简洁。

② 页面中的菖蒲色是唯一的艳色，而且每块菖蒲色的大小都不同，排列得错落有致，保证了页面的整体一致性和局部灵活性。

## 绘制步骤

| 第 1 步：创建页面整体布局。 | 第 2 步：制作导航栏，插入主题图片。 |
| --- | --- |
| 第 3 步：插入文字和形状，并制作搜索引擎。 | 第 4 步：绘制图标，插入形状和文字。 |

## 配色方案

| 聪明 | | | 朝气 | | |
| --- | --- | --- | --- | --- | --- |
| #6443a5 | #f0edce | #5f5b85 | #81cddb | #6443a5 | #e5a96b |
| 明晰 | | | 动感 | | |
| #f29b7e | #e5a96b | #6443a5 | #6443a5 | #f5aa68 | #bad541 |

**延伸方案**

√ 可延伸的配色方案　　　　　　　　　× 不推荐的配色方案

配色评价：

① 可以将紫色改为高明度的青色。青色中不包含任何的红色，所以页面中艳丽典雅的感觉会褪尽，更加突显出商务感和理智感。

② 也可以在页面最下方添加一条同色的色条，宽度最好与按钮相同。这块青色将与上方的青色块呼应，使页面结构更完整。

配色评价：

① 如果仅仅是从色彩结构上看，该页面使用绯红色，温暖而烂漫，是中国传统色彩之一，给人以积极向上的火热感。

② 尽管绯红色在应用上不失美观，但是与电子产品所需要的科技感和睿智感毫无关联，神秘感、睿智感全无，很难引起人们对电子产品的兴趣和理解。

**相同色系应用于其他网页**

应用于移动设备网页：

① 采用大片略深的菖蒲色作为主色调，表现出个性雅致的氛围。为了防止过于沉闷，使用了流线型的边缘，而且在页面上方和下方分别放置了两块较浅的颜色，使整个页面的颜色层次更丰富。

② 明亮与暗沉、活泼艳丽与雅致端庄碰撞出极具个性与艺术感的效果。

应用于购物类网页：

① 为了体现出舒适惬意和光明正面的意象，购物类网页一般都会采用白色和浅灰色等明亮的颜色作为背景，然后零零散散地使用一些鲜艳的小块面点缀页面，达到吸引浏览者的目的。

② 这款页面就采用了这种传统的配色方式，使用菖蒲色作为主要的点缀色，整个页面干净而柔美端庄。

# 12.5 梦幻的浅莲灰

　　浅莲灰是一种柔美明亮的色彩，用来表现童话的梦幻感和轻盈甜蜜感再合适不过。与高明度的粉红搭配，可以表现出甜美的效果；与粉蓝色和丁香紫等略带清冷意味的高明度色彩搭配，可以展现出恬淡的效果，如图 12-5 所示。

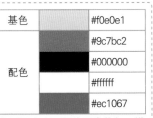

| 基色 | | #f0e0e1 |
|---|---|---|
| 配色 | | #9c7bc2 |
| | | #000000 |
| | | #ffffff |
| | | #ec1067 |

该网页中大面积使用浅莲灰，搭配各种明艳的颜色，给人以多彩多姿的印象，体现了年轻女性的青春靓丽。

图 12-5

浅莲灰色中红色的成分比蓝色的成分多很多，所以有非常明显的柔美感，高明度的属性又使其表现出了近乎童话般的迷幻和稚嫩。浅莲灰与暖色搭配可以表现出柔美的效果，与冷色搭配则可以表现出温柔的感觉。

## ★配色案例 38：远程教学网页配色

本案例是一款清爽漂亮的页面。该页面使用浅莲灰色作为主色，与页面中深咖啡色的导航形成了鲜明的对比。焦点图采用了手绘风格的图像，再加上无处不在的圆点装饰，最大限度地强调可爱有趣的感觉。

| 案例背景 | 案例类型 | 网络教学网页设计 |
|---|---|---|
| | 群体定位 | 学生、语言爱好者 |
| | 表现重点 | 浅莲灰明度极高，很难与粉色区分开来，与咖啡色搭配，给人以优雅的感觉，水蓝色和铬黄色的加入，给人以轻松、愉悦的印象 |
| 配色要点 | 主要色相 | 浅莲灰、水蓝色、深灰色 |
| | 色彩印象 | 优雅、可爱、轻松 |

| #f8e8e8 | #60a8ce | #676767 |
|---|---|---|
| 主色 | 辅色 | 文本色 |

### 设计分析

① 使用白色作为背景，浅莲灰作为主色调，降低页面的厚重感，奠定了温暖、柔媚的基调。顶部的咖啡色导航条正好与明亮的颜色构成对比，强化了页面的层次感。

② 使用明度略低，纯度一致的粉红、水蓝色和铬黄色作为辅助色。总体来说，各种颜色的明暗对比和冷暖对比都使用得恰到好处，整体配色效果协调而丰富。

### ⬎ 绘制步骤

| 第1步：创建页面整体框架，确认主色。 | 第2步：制作导航栏，插入主图。 |
|---|---|
| |  |
| 第3步：绘制图标，插入直线和文字。 | 第4步：继续绘制图标，插入文字，制作信息栏。 |
|  |  |

### ⬎ 配色方案

| 憧憬 | | | 别致 | | |
|---|---|---|---|---|---|
| #f7f7d0 | #fadbd4 | #c4e4d6 | #d5c3df | #fbdbd4 | #bbd8ea |
| 温顺 | | | 梦幻 | | |
| #d2cce6 | #fadbd4 | #faf3e3 | #c7e8fa | #fadbd4 | #bbc1e1 |

### ⬎ 延伸方案

| √ 可延伸的配色方案 | × 不推荐的配色方案 |
|---|---|
|  |  |

配色评价：
将页面中的紫色换成略带一点点绿色的粉黄，将橙色换为粉红色，使页面看起来更具亲和力和温暖感。

配色评价：
粉色给人以甜蜜、稚嫩的感觉,当市场定位为青少年或成人时,显得有些幼稚，且不够严谨和正式。

## 相同色系应用于其他网页

应用于水果类网页：
① 采用白色作为背景色，中间的主体部分则采用了略深一些的浅莲灰作为背景，制造出温暖柔和的感觉。
② 前景使用同色系的粉红和橙红等色彩进行搭配，更强化了清爽而甜蜜的氛围。
③ 页面中各种形状的运用堪称精妙，无处不在的弧形、樱桃、导航、按钮、橙子和最下面的迷你水果相互呼应，强化了灵动和轻松的感觉。
④ 少量的文字巧妙、合理地填补了空白区域，使页面布局更加疏密有致。

应用于女性化妆品类网页：
① 女性化妆品类的页面通常使用这类粉红色的色彩，因为粉红色有着很强的女性色彩，这款页面也不例外。
② 页面通体都是粉粉嫩嫩的浅莲灰色，配合白色烟雾，将迷幻柔媚的感觉渲染到了极限。
③ 将两个白色的圆角矩形错落排列作为整个页面布局的主要框架部分。
④ 左上方深色的棕红正好压制了轻飘飘的感觉，可以有效引导浏览者去浏览文字说明。

# 第 **13** 章 无彩色系的应用

无彩色是一种实用性非常强的色彩。在日常生活中，无彩色可以用在任何场合的色彩搭配中，是一种特别有影响力，且实用性较强的色彩。

## 13.1 纯洁的白色

白色是一种纯洁而简单的色彩，它给人清洁、纯粹、正义、干净的感觉。白色通常作为背景色，能够营造出简洁、朴素的气氛，如图 13-1 所示。

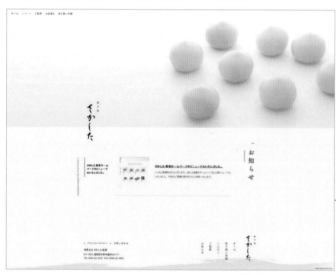

白色从某种意义上说是干净、毫无杂质的代表，网页设计中经常需要必要的留白，因为留白可以给人空间感，让人觉得放松、明净和透彻。该网页大面积使用白色，给人以洁净、明亮的印象，使要表现的主题和每一个元素都展现得优雅而精致。

图 13-1

### ★配色案例 39：时装网页配色

白色是一种可以与其他任何颜色相搭配的色彩。在网页设计中，通常用白色作为背景颜色，以突出主题。

| | | |
|---|---|---|
| 案例背景 | 案例类型 | 时尚的时装网页设计 |
| | 群体定位 | 时尚人士 |
| | 表现重点 | 白色是一种本身没有色相、无纯度且明度最高的颜色，它也是一种非常好搭配的颜色。将白色与其他有彩色搭配，可以很好地突出其他色彩 |
| 配色要点 | 主要色相 | 白色、黑色、红色 |
| | 色彩印象 | 稳重、鲜亮、整洁 |

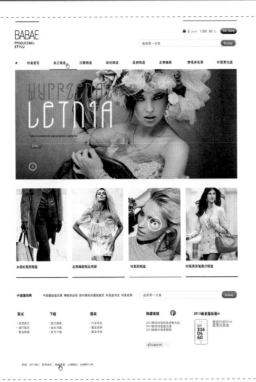

| #696269 | #ff0103 | #000000 |
|---|---|---|
| 主色 | 辅色 | 文本色 |

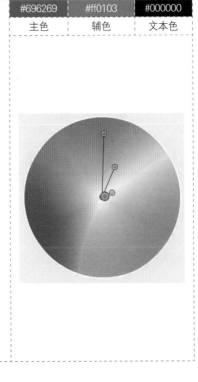

## 设计分析

① 白色作为整个页面的背景色，使主体低调的颜色突出于整个页面，同时使页面看起来明快而不失稳重。

② 将小面积刺眼而鲜亮的红色呈三角形分布于页面中，融合于整个页面，起到了点缀页面的效果。

③ 黑色的文字与白色的背景明度对比反差较大，却不与背景冲突，反而为页面添加了稳重的效果。

## 绘制步骤

| 第 1 步：插入 Logo、文字和形状，制作导航栏。 | 第 2 步：插入主图、辅图和主题文字。 |
|---|---|

第3步：为辅图添加文字，插入直线，绘制按钮。

第4步：插入形状和文字，完成底部信息栏的制作。

## 配色方案

|  | 诡秘 |  |  |  | 沉思 |  |
| --- | --- | --- | --- | --- | --- | --- |
| #ffffff | #be7395 | #856790 | #a8b9ab | #ffffff | | #94a2ba |

|  | 妩媚 |  |  |  | 魔幻 |  |
| --- | --- | --- | --- | --- | --- | --- |
| #d38f72 | #ded685 | #ffffff | #7c646e | #ffffff | | #403034 |

## 延伸方案

√ 可延伸的配色方案

× 不推荐的配色方案

配色评价：
也可以将页面背景色设置为与主色调相同的紫灰色，页面看起来空间感更强，为页面添加一丝神秘感。

配色评价：
使用紫色作为背景，运用过多，无形之中给人一种悲伤与绝望的感觉。如果能提高亮度、减少纯度或色彩位置，也是很好的应用。

## 相同色系应用于其他网页

应用于家居网页：

① 将大范围的白色背景搭配小面积色彩明晰的红色，很好地突出主题，且为页面营造了明快的气氛，减缓了红色给人造成的视觉刺激。

② 加入适量的浅土色，丰富了页面效果，营造出一种暖意融融的氛围。文字颜色与其背景颜色形成鲜明对比，突出文字，同时呼应于整个页面。

应用于卡通网页：

① 用大面积的白色作为背景，简洁大方。搭配整块的棕色作为主色，突出主题。

② 添加少量的绿色作为点缀，同样醒目却不抢主题镜头，还为页面添加了一丝绚丽效果，用得恰到好处。

③ 深灰色的文字同样突出于背景之中，使空虚的页面变得充实，同时整个页面就获得了等重的呼应。

# 13.2　精致的蓝灰色

　　将灰色加入少许蓝绿色形成蓝灰色。蓝灰色是一种成熟而理性的色彩，给人一种和平共处的感觉。

　　由于蓝灰色中含有蓝绿色，所以蓝灰色具有豪华和精致的个性，给人带来品位高雅的感觉，通常在色彩搭配设计中作为背景色使用，如图 13-2 所示。

蓝灰色会带着一些蓝色的忧郁和一些灰色的暗沉，通常在被运用的时候，有一种衬托主题和渲染氛围的使命。该网页中使用了白色、黑色和蓝灰色，蓝灰色成为整个页面的主体，构成了富有思想、内涵和深刻寓意的重要因素。

图 13-2

## ★配色案例 40：酒水产品网页配色

蓝灰色通常用于设计作品的背景色彩，用于衬托主题的精致和高雅的感觉。例如，许多的杂志封面背景就是蓝灰色。但也有些设计作品将其作为主色调，效果也别有韵味。

| 案例背景 | 案例类型 | 酒水饮料网页设计 |
|---|---|---|
| | 群体定位 | 时尚人群、追求新鲜的用户 |
| | 表现重点 | 使用蓝灰色作为主色，既表现了该颜色带给人的清凉感，又融合了灰色所具有的含蓄、精致、高雅的特质，整个页面效果赏心悦目 |
| 配色要点 | 主要色相 | 蓝灰色、绿色、红色、黑色 |
| | 色彩印象 | 热闹、精彩、激情 |

| #8499a1 | #54a92a | #000000 |
|---|---|---|
| 主色 | 辅色 | 文本色 |

### 设计分析

① 使用浅淡的蓝灰色作为背景色，为页面添加了一丝轻巧与明快。搭配绿色作为辅助颜色，突出主题的同时又很好地衬托了主题的精致细腻。

② 红色以其最耀眼的特点装点了页面。在充斥着蓝灰色和绿色的冷色调页面中，红色作为补色，能够让浏览者第一时间注意到。

③ 黑色的文字起到压轴作用，除了能够清楚地表达页面内容外，还能衬托出页面主体的精致感。

### 绘制步骤

| 第1步：插入产品核心图片，作为网站的背景。 | 第2步：插入网站 Logo，输入文字，制作网站页面导航。 |
|---|---|

第 3 步：输入标题文字，制作页面辅助内容。

第 4 步：输入文字，完成版底的内容制作。

## 配色方案

| 简洁 | | | 精准 | | |
|---|---|---|---|---|---|
| #dcdddd | #2d2d2b | #567bae | #001b44 | #8cb3ca | #dcdddd |

| 品质 | | | 活力 | | |
|---|---|---|---|---|---|
| #8499a1 | #dcdddd | #9f9b8b | #57586c | #dcdddd | #accf56 |

## 延伸方案

√ 可延伸的配色方案　　　　　　　　　　× 不推荐的配色方案

配色评价：
在页面中加入一抹橙色作为辅助颜色，利用其活跃的色彩特点，为页面添加了一丝活跃的气氛。

配色评价：
在主图中已经搭配绿色和红色的情况下，加入高纯度的蓝色显得脏乱。红色的使用也给人低廉的感觉。

## 相同色系应用于其他网页

应用于冷饮网页：
① 白色背景与浅灰色的主色渐变搭配，很好地体现了蓝灰色含蓄、精致、雅致、耐人寻味的效果，且使整个页面空间感很强，给人带来一丝清凉、轻快的感觉。
② 搭配深蓝色作为辅色，与背景色相呼应，使整个页面色彩效果协调而变化丰富，给人以华美、精致的感觉。浅灰色的文字为页面添加了质朴、稳重的气氛。

应用于设计类网页：

① 使用浅淡的蓝灰色与白色搭配作为整个页面的背景，既体现了蓝灰色的精致、雅致、耐人寻味的效果，又体现了白色明快、纯洁的特点，巧妙地发挥两种颜色的优点，遮蔽了这两种颜色的不足。

② 蓝灰色背景搭配土黄色的主色，突出主题的同时给人一种身临天地之间的感觉。

③ 页面加入适量的绿色作为辅色，同时弥补了两种无彩色带给页面的空虚、苍凉的感觉，使页面色彩更加丰富，装点页面的同时突出绿色健康、和平的主题。加入纯度较高一点的灰色文字，同色系搭配突出而又不与背景色发生冲突。

## 13.3　温暖的中灰色

　　中灰色是一种纯度低、明度低的色彩，给人温暖而亲和的印象。将中灰色运用在设计作品中，可以缓解紧张的情绪。

　　中灰色也是一种具有治愈作用的色彩。在网页色彩搭配中，经常把中灰色作为主色，用简朴的背景突出主体的精致与华丽，如图13-3所示。

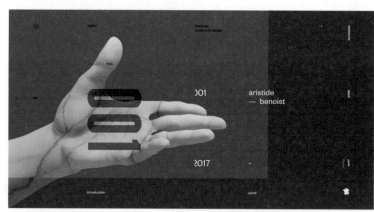

这是一家网络创意开发设计机构的网页。中灰、深灰和白色的明暗对比给人以分明的层次感。页面中的红色与无彩色之间在明暗和透视感的处理上极富创意性，显得特别醒目。

图 13-3

### ★配色案例 41：汽车网页配色

　　中灰色是一种介于黑色和白色之间的中性色。将中灰色运用在网页色彩搭配中，若不经过合理的安排，会使页面效果显得灰暗、较脏，有时也容易给人颓废、苍凉、消极、沮丧、沉闷的感受，所以灰色通常会用在很多表现阴暗、颓废效果的场合。下面通过本案例的制作与配色分析，学习在网页设计中如何使用灰色。

| | 案例类型 | 汽车网页设计 |
|---|---|---|
| 案例背景 | 群体定位 | 汽车车主、汽车文化爱好者 |
| | 表现重点 | 通过使用中灰色，充分表现汽车产品的含蓄、精致、雅致的色彩意象。搭配高明度、高纯度的黄色，增加页面时尚感的同时，突出产品内容 |
| 配色要点 | 主要色相 | 中灰色、黄色、白色 |
| | 色彩印象 | 柔和、高档、沉稳 |

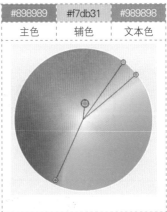

| #898989 | #f7db31 | #989898 |
|---|---|---|
| 主色 | 辅色 | 文本色 |

### 设计分析

① 本案例采用中灰色作为主色调。搭配黑色和深灰色使用，既能增加页面的层次感，又能很好地表现汽车产品的神秘感和科技感。

② 为了防止低明度的色彩过于沉闷，页面中搭配使用明黄色和蓝色的图片，增加页面的活泼性和时尚感，对页面起到了很好的色彩平衡感。

### 绘制步骤

第 1 步：创建页面整体结构，填充渐变。

第 2 步：插入 Logo 和文字，制作顶部导航栏。

第 3 步：插入主题图片、中间导航文字和辅图。

第 4 步：为辅图添加文字和直线，完成信息栏的制作。

### 配色方案

| 严格 | | | | 灵敏 | |
|---|---|---|---|---|---|
| #898989 | #7d98a8 | #dcd3d3 | #e5dfa6 | #898989 | #7d98a8 |
| 韵律 | | | | 动感 | |
| #485973 | #8f82aa | #898989 | #898989 | #192f4c | #3a7179 |

## ⏬ 延伸方案

√ 可延伸的配色方案　　　　　　　　× 不推荐的配色方案

配色评价：
将页面左下角的灰色文字改为黑色，使其与页面右上角的 Logo 文字相呼应，为页面添加稳重气息。

配色评价：
红色代表喜庆和奔放，较暗的红色有时还会给人品质感，所表达的华丽感是非常直接的，与想要传达的低调的奢华并不融洽。

## ⏬ 相同色系应用于其他网页

应用于怀旧风格网页：
① 整个页面是以无彩色系色调为主，给人以莫名怀念的感觉。
② 将白色作为背景色，搭配大量灰度图片，既突出主题，同时削弱了白色背景带来的苍白、消极情绪。
③ 页面底部加入少许的深蓝色作为点缀色，与顶部黑色线条相呼应，为页面增加一些活泼气息。
④ 绿色的主题文字在灰色的主题图片中异常醒目，使整个页面效果更稳重、更和谐。

应用于家居网页：
① 整个页面通过不同明度的灰色得到丰富的色阶。
② 白色的背景搭配灰色的主色，突出页面的同时变化较为缓和，给人以和谐而温暖的感觉。
③ 加入适量的黄色作为辅色，减缓无彩色带来的颓废、苍凉感的同时，为页面添加了一丝活泼、动感的气息。
④ 灰色的文字分布于白色的背景中，充实了整个页面，同时与主体颜色相呼应，使效果看起来更加和谐、温暖人心。

# 13.4 朦胧的浅灰色 🔍

与中灰色相比，浅灰色显得更加柔和而模糊，是一种朦胧而缓和的色彩。在实际的色彩搭配设计中，浅灰色通常以调和色的形式出现。

浅灰色是由灰色加入大量的白色调和而成的，是一种比较明亮的、较为接近白色的颜色，所以很容易与其他色彩相搭配，如图 13-4 所示。

> 该网页整体被注入浅灰色，犹如罩上了一层面纱，显得神秘且引人思索。

图 13-4

## 13.5　高品质的黑色

　　黑色是一种明度最低、无纯度的无彩色。它是一种很正式的颜色，有着庄严而厚重的秉性，所以通常用在比较正式、严肃的场合。

　　黑色给人一种高级与神秘的感觉。黑色与其他有彩色相搭配，可以吸收其他所有可见光，给人一种神秘、深沉、内敛的印象。将黑色作为背景色，可以突出主题，如图 13-5 所示。

> 这是一家品牌设计网页，本身极具神秘感和厚重感的黑色，将主题衬托得极富个性和内涵，金色的点缀使整个页面体现出奢华的印象，无处不体现高端、贵重的感觉。

图 13-5

### ★配色案例 42：电子设备网页配色

　　黑色是最黑暗且纯度、色相、明度最低的无彩色。因此它较容易起到衬托和发挥其他颜色的特性，是最有力的搭配色。

| | | |
|---|---|---|
| 案例背景 | 案例类型 | 电子设备网页设计 |
| | 群体定位 | 电子设备使用者 |
| | 表现重点 | 通过黑色和深灰色的搭配，既增加了页面的层次，又可以很好地表现科技感和神秘感 |
| 配色要点 | 主要色相 | 黑色、深灰色、品红色 |
| | 色彩印象 | 严肃、神秘 |

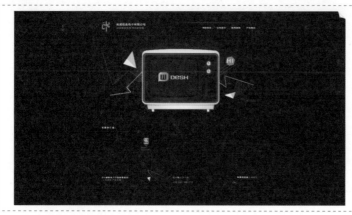

| #181818 | #840831 | #ffffff |
|---|---|---|
| 主色 | 辅色 | 文本色 |

### 设计分析

① 页面使用黑色作为背景，可以使浏览者不受浏览器等内容的影响，将注意力集中在页面的主题图片上。

② 使用白色主图和白色文字，与黑色背景形成鲜明的对比，在方便浏览者浏览的同时，突出页面主题。

③ 使用明度较高的品红色作为点缀色，在黑色的背景中显得明确且活泼。

### 绘制步骤

第 1 步：填充页面背景，制作右上角的卷角效果。

第 2 步：插入 Logo、形状和文字，制作导航栏。

第 3 步：插入主题图片和形状。

第 4 步：插入文字和其他图片、形状等元素。

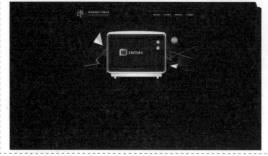

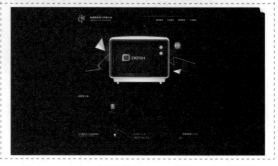

### 配色方案

| 强力 | | | 放纵 | | |
|---|---|---|---|---|---|
| #0076a9 | #000000 | #e6002d | #000000 | #891679 | #f08200 |
| 瑰丽 | | | 老练 | | |
| #000000 | #e7428c | #af0081 | #e6c99a | #b36b49 | #000000 |

### 延伸方案

√ 可延伸的配色方案　　　　　　　　　× 不推荐的配色方案

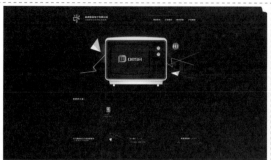 

配色评价：

将页面的背景色从黑色修改为墨绿色，整个页面更利于浏览。将页面中的图标和文字修改为明亮的草绿色，与背景色形成同色系搭配，色调统一，主题明确。

配色评价：

当绿色掺杂了黑色时，不但会使黑色丧失神秘感，还会给浏览者一种成熟和沧桑的感觉，虽然黄色和品红色可以给人醒目和跳跃感，但页面效果仍显得缺少生气，不庄重。

### 相同色系应用于其他网页

应用于时装网页：

① 黑色是永不过时的色彩，用在时尚类网页设计中恰到好处。

② 这里将黑色作为辅色，搭配明度较低的褐色，突出主体地位，给人一种神秘、深沉、高级的印象。搭配白色背景，给人很强的视觉冲击力，突出时尚个性的感觉。

③ 灰色的文字在页面中起到调和作用，减缓了黑色给人悲哀、压抑的感受，也消除了白色给人的轻浮、空旷感。整个页面让人感觉高贵、轻松，流露出稳重与个性时尚的气氛。

应用于企业网页：

① 将白色作为主色，搭配黑色的背景，在明度上反差非常大，因此整个页面视觉冲击强烈，主次分明，给人一种很庄严、高贵的感觉。

② 红色是视觉刺激强烈的颜色，将其置于白色中，看起来更透亮，并且起到了缓和视觉疲劳的作用。

③ 灰色的文字使黑白和红色的搭配不拘束、不呆板，增强页面视觉的轻松和愉悦感。

# 第 14 章 不同色调的网页配色

色彩的面积、明度、对比关系等特征，会构成一个网页页面的基本色调，不同的色调会表现出不同的主题风格，给人以不同的心理感觉和视觉体验。

## 14.1 网页配色的色调特点

在对网页进行优化或改变整体色调时，最主要的是先确定网页基本色调的面积分布情况。在网页中经常使用多色组合，如果大面积、多数量地使用鲜艳的色彩，网页的色调势必会非常鲜艳，如图 14-1 所示。

大面积、多数量地使用灰色，势必会使页面笼罩一层灰调，其他色调以此类推，这种方法能在网页整体变化中产生明显的统一感。

如果设置小面积、对比强烈的点缀色、强调色或醒目色，由于其不同色感和色质的作用，会促使整个网页页面丰富、活跃起来，如图 14-2 所示。

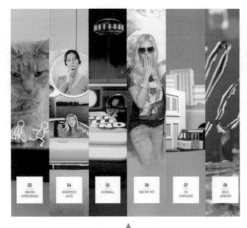

该网页中大面积、多数量地使用高纯度的颜色，明暗对比也很强烈，使页面显得异常鲜艳，内容丰富、炫目，动静相辅、层次界限分明，在视觉上具有极强的刺激感。

该网页中大面积使用纯度和明度较低的黄色、咖啡色和黑色，营造了一种深沉和岁月感，而中间纯度较高的绿色和橘黄色，成功吸引了浏览者的注意，为整个页面增添了活跃感和新潮感。

图 14-1                                                                 图 14-2

如果色彩对比过于强势、醒目色过于明显、点缀色面积过大，就会破坏页面的整体统一感，失去色彩的平衡，会显得杂乱无章。反之，如果这些色彩的面积太小，会被四周包围的色彩同化、融合而失去预期的作用。所以在网页的配色选择上应充分掌握各种色调的特点，这样才能完成对网页主题比较鲜明的表达。

## 14.2 个性鲜明的色调

### 14.2.1 高纯度色彩对比鲜明

由高纯度的不同色相组成的色彩对比度强，所以在表达事物个性方面比较鲜明，高纯度的色彩搭配应用在网页配色时，需要注意色彩之间的间隔、缓冲和调节作用，使其可以达到有变化也有统一的效果，如图 14-3 所示。

该网页中使用了红、蓝、黄、橙等多种高纯度的色彩，或使用间色作为过渡，偶尔使用明度低的颜色作为衔接，降低了多色组合给人的凌乱感，从而使气氛变得异常活跃，给人以内容丰富且个性鲜明的感觉。

图 14-3

### 14.2.2 高纯度冷色体现科技感

蓝色系在冷暖印象中属于冷色，它所要传达的是一种理性和冷静。在网页配色中用高纯度的蓝色，可以传达出一种科技时代感，给人以理性、冷静的感受，如图 14-4 所示。

该网页中使用了大面积的蓝色色调，高纯度的颜色体现了一种科技感和现代感。使用黑和白作为过渡，使页面看起来绚丽和协调。

图 14-4

### 14.2.3 高纯度暖色体现华丽感

红色、黄色和橙色属于暖色调，在网页配色中使用高纯度的暖色往往具有华丽感，通常具有很好的宣传效果，如图 14-5 所示。

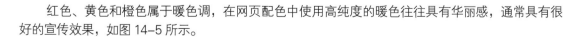

该网页中大面积地使用了高纯度的红色和黄色，给人以一种刺激和兴奋感，配合一些白色和绿色作为点缀和过渡，丰富了整个页面，给人以鲜艳和自然的感觉。

图 14-5

## 14.3 清静高雅的色调

为高纯度的色彩提高明度，即加入一些白色，会降低强烈的纯度对比所带来的刺激感。应用在网页配色时，会使页面给人以清新、明朗的视觉印象，像少男少女的纯真，给人以朝气蓬勃、积极向上的精神感受。

### 14.3.1 中等明度体现清新活力

加入白色实际上就是降低色彩的纯度，当色彩的艳丽程度减少时，对比可以呈现出清新、自然的感觉，如图 14-6 所示。

该网页中运用了许多浅灰色，减少了页面色彩所固有的浮华，展现其高雅、脱俗的一面。

图 14-6

深蓝色的色调给人以冷峻的感受，如果提高其明度，加入少许白色，让它接近大海或天空的颜色，就会变得更加自然、宽广和明快，如图 14-7 所示。

高纯度的暖色会带给人挑战、华丽的感受，提高其明度会有一种温馨、愉悦的感觉，如果配上一些冷色，会令人感到充满趣味和活力，如图 14-8 所示。

冷色中加入灰色，可以减弱冷色的严肃和冷峻印象，保留客观、理想的感觉，并增添一种深邃感。

页面中的蓝色给人以悠远、宁静的感觉，配以橙色和绿色，体现出清新、明朗且有活力。

图 14-7

暖色中加入灰色，给人甜美、清纯的感受，该页面以粉色为主，加入绿色、橙色和蓝色，给浏览者清纯可人的印象，同时又丰富了页面效果。灰色的加入，增加了许多柔和的感觉，使主图显得丰富又不会过分张扬。

图 14-8

### 14.3.2　高明度体现轻柔明净

在青色中加入大量白色，提高整体色调的明度，色感相对减弱，犹如春天的新绿，透明、清澈、明净和轻快。

相反而言，当页面中加入冷色时，可以通过提高明度对色感进行减弱，以达到一种透明的青色效果，给人以清凉、爽快的感觉，如果适当地点缀一些绿色，则会显得更加清新、自然，如图 14-9 所示。

该网页中加入白色，与青色相间，适当提高色彩的明度，给人以肃静、理性的感觉，少量的黄色和粉色，添加了活力和优雅，极具精致感和美妙感，整个页面冷暖相间，既给人以平静悠闲的感觉，又显得舒适而温暖，令人愉悦。

图 14-9

### 14.3.3 融入灰色体现高雅

　　明灰色调是在全部的色相系中大量加入了浅灰色，使色相带有一种灰浊味，色相明度提高，明灰调给人以平静、高雅、恬静的感觉。

　　暖色中的黄色给人以温暖、舒适的感觉，调入不等数量的浅灰色后，会造成一种太阳余晖的颜色印象，增添一份宁静和休闲的感受，如图 14-10 所示。

该网页中使用中等纯度的橙色中融入灰色，又加以大面积的浅灰和白色，布局合理、界限分明，使整个页面显得温暖、惬意，又十分高端、典雅。

图 14-10

## ★配色案例 43：品牌快餐网页配色

　　深红色一般可以衬托出热烈的感觉，这类颜色的组合比较容易使人提升兴奋度。明度降低后显得更加优雅而含蓄，被广泛应用于时尚休闲等类型的网页。

| 案例背景 | 案例类型 | 品牌快餐网页设计 |
|---|---|---|
| | 群体定位 | 时尚人士、美食爱好者 |
| | 表现重点 | 网页中使用了不同明度的红色，增加页面层次的同时，也让浏览者感受到热情。导航条使用浅红色，与背景形成鲜明的对比，使导航更易浏览 |
| 配色要点 | 主要色相 | 深红色、暗红色、橙色 |
| | 色彩印象 | 热情、美味、可口 |

| #75010e | #edb53c | #eae1d9 |
|---|---|---|
| 主色 | 辅色 | 背景色 |

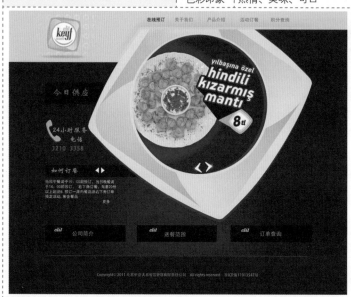

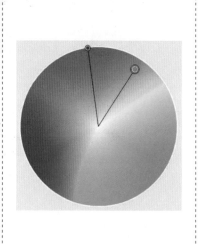

## 🔽 设计分析

① 整个网页使用红色作为主色，能够很好地表达食品的主题。多层次地使用主色，整个页面层次丰富，能够清楚地衬托出页面中的文字和图片。

② 降低主色的纯度，得到浅红色，用作导航的背景，与主色搭配，营造出了鲜活、热烈的气氛，给人活力无限的感觉。页面中使用局部鲜艳的橙色，使页面更活泼，对比更加鲜明。

③ 图片的颜色也与网页的整体更加融合、协调。橙色的文字在呼应辅色的同时，使页面更活泼，对比更加鲜明。

## 🔽 绘制步骤

| 第 1 步：确认网页主色，创建整体布局。 | 第 2 步：调整背景颜色，并完成页面导航的制作。 |
|---|---|
|  | 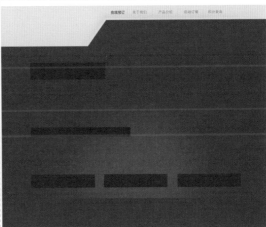 |
| 第 3 步：插入页面主图及 Logo。 | 第 4 步：完成页面文字的输入并丰富页面效果。 |
|  | 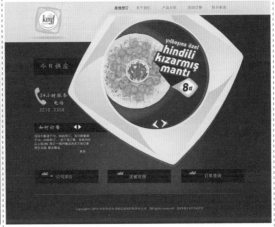 |

## 🔽 配色方案

| 传统 | | | 美味 | | |
|---|---|---|---|---|---|
| #f18f4d | #f9c270 | #990000 | #990000 | #e5d4ac | #c97e13 |

| 光润 | | | 力量 | | |
|---|---|---|---|---|---|
| #990000 | #ff9999 | #ff3333 | #cc3366 | #ffcc00 | #990000 |

**↳ 延伸方案**

√ 可延伸的配色方案 　　　　　　　　　× 不推荐的配色方案

配色评价：

① 页面中的橙色背景能够渲染出欢乐的气氛，适用于餐饮类网页，使人心情舒畅，容易引发食欲。

② 橙色与黄色搭配，表现出活泼、丰收的效果，色感温和舒适，带来甜美、可口的享受。

配色评价：

① 淡粉色和浅粉色给人一种缥缈、轻悠的感觉，与浅黄色搭配，给人以鲜亮的感受。

② 由于明度过高，给人一种淡泊的感觉，与主图的质感不相融合，有头重脚轻的感觉，会降低人的食欲。

**↳ 相同色系应用于其他网页**

应用于企业类型网页：

① 整个页面以深红色为主色，体现出页面的大气与沉稳。

② 配以同色系的暖色图片，能够体现出企业的悠久历史，向浏览者传达沉稳、信任和热诚的感觉。

应用于装修装潢网页：

① 这是一款装修装潢网页，深红色占据了大部分的面积，极易吸引浏览者的视线，散发着温馨、浪漫的气息。

② 以黑色为辅色，很好地压制了刺激的红色，使整个页面更加生动而有平衡感。

# 14.4 朴实深厚的中庸色调

色相环中所有颜色均加入中等程度的灰色，会使纯度降低，色相感淡薄，应用于网页中，会带有几分深沉与暗淡，有着朴实、含蓄、稳重的特点。

## 14.4.1 融入中等灰色体现朴实

中等灰度的冷色可以体现出大方、沉稳的印象，冷色中灰色调的加强可以使页面多一份深沉与平稳，不会导致色相过于鲜艳而失去一种大方的印象，色相淡泊则可以体现古朴、典雅的感觉，如

图 14-11 和图 14-12 所示。

紫色给人一种贵气、奢华的印象，通过加强灰色调的融入，可以削弱这种气质，从而突显一种古朴、典雅的气质，给人一种高贵、大方的印象。该页面中的紫色显示了女性的一种高贵、大方和典雅，通过纯度和明度的过渡，使页面不会过于张扬、收缩有致。

绿色给人以生机、活力的印象，通过融入少许灰色，减弱色相感，会让人有一种朴实、静谧的感觉。该网页中的灰色调不薄不重地衬托着绿色的色相感，在一片沉静中突显出生机、活力的感觉。

图 14-11

图 14-12

## 14.4.2　灰暗体现深厚感

色相环中所有的颜色均加入暗灰色，使色相呈现灰暗的色调，就像乌云密布的天空，阴郁暗淡、令人压抑。冷色色相的明度偏低，其自身会呈现一种冷清、不易靠近的印象，加入暗灰色后，其效果会更加明显，如图 14-13 和图 14-14 所示。

在为页面配色时，选择一些明度较高的颜色值后，加入一些暗灰色可以达到页面的整个明暗混合的效果，会增加一种动感、酷炫的风格印象。该网页在灰暗调中加入白色，提高了明度，降低了压抑气息，在冷清的同时体现了绚丽感。

暗灰色调还可以衬托神秘感，暗灰色调的阴郁暗淡可以塑造页面的一种神秘和冷峻，除了通过在页面中加入暖色突显内容外，还可以利用一些灰度值较高的颜色作为过渡色。该页面色彩灰暗度偏高，橘色浓重、浑厚，使整个页面笼罩在神秘之中，达到很好地吸引眼球的效果。

图 14-13

图 14-14

## 14.4.3 加入浊色体现中庸

　　色相环中的颜色加入一些或黑或白的颜色，降低了纯度，看上去或多或少有浑浊感，即为浊色。浊色居于色彩体系的明暗中轴线与高纯色之间的位置，具有明显的色彩个性，有益于调和色调，这种配色也被称为浊色调，如图 14-15 所示。

纯色加入白色明度越来越高，加入黑色明度越来越暗，这个是属于垂直色，只是单独加入白或黑来调整纯色的明暗，可以看成从红色那个颜色的端点向左下角散发出来，也可以将其理解为不饱和的颜色和纯度不高的颜色。

图 14-15

　　浊色可以塑造静谧、安详的视觉感受，当浊色呈现一种鲜、灰中间的色调，明度和纯度都属于中间状态，整体色感在视觉上给人以温馨、亲和感，塑造一种静谧、安详的印象，如图 14-16 所示。

该网页中色彩对比不是很强烈，背景色彩处于一个中间状态，不太鲜也不太灰，色彩对比温和，页面随和、朴实。深灰色以及浅灰色的搭配使整个页面看起来简洁、朴实，另外暖色黄色的加入也使整个页面呈现宁静、安详、舒适的感觉。

图 14-16

　　添加浊色可以削弱色彩对比强度，由于浊色调的适应性较强，可以应用于网页的大部分配色中，还可以削弱其他颜色的色彩浓艳程度，完成良好的过渡，所以在网页中经常作为背景去衬托主体，如图 14-17 所示。

该网页色彩看起来不那么突兀，整体趋于协调、稳定。页面中的蓝色在明度、纯度上的衔接和过渡，很好地迎合了周围天蓝、海蓝及深蓝的色彩印象，给人以闲适、静谧、端庄和磅礴的状态。

图 14-17

# 14.5 稳重深沉的色调

中等纯度的颜色加入少量黑色，会使整个页面看上去笼罩了一层较深的调子，显得稳重老成、严谨尊贵。而当加入大量的黑色形成浓浓的深色调，隐约略显各色的色相，会表现出深沉、坚实、冷静、庄重的气质。

## 14.5.1 低明度加入灰和白体现怀旧

选用一些低明度的色相以后，调入不等数量的黑色或白色可以加深深色的倾向，营造出一种老练与怀旧的氛围，如图 14-18 所示。

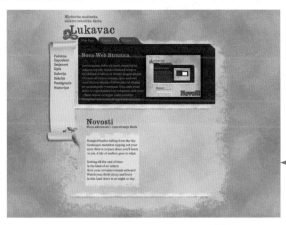

纯度较高的灰色作为页面背景体现了深沉与稳健，暗黄色与深红色的运用又表现了页面的怀旧与老练风格。灰色和暗黄色在明度与纯度上的融合与衔接，无意中营造了一种岁月感。

图 14-18

## 14.5.2 大面积灰暗色调营造紧张氛围

大面积的黑色形成暗调，给人以压迫和紧张感，男性化色彩会表现得更强势一些，整体页面会变得强硬、坚实、沉重，在网页配色中可以传达一种力量、强势的印象，如图 14-19 所示。

页面背景的深色给人一种压迫与紧张感，让人有一种喘不过气的感受，整体颜色的明度低、纯度高，让人有一种强硬的印象。

图 14-19

## 14.5.3 低明度冷色暗调体现古雅

蓝紫色给人一种尊贵、高尚的印象，在色相中加入黑色后，会显得整个页面充实、古雅，这种深色倾向与一些明度较高的暖色搭配，会使页面活泼、灵动，如图 14-20 所示。

该网页使用大量的黑色给人以深
沉的印象，加入蓝紫色增加了尊
贵、雅致的情怀，整个页面显得沉
静、典雅，一些明暗和纯度不同的
暖色的融入体现了尊贵感，同时为
暗沉的页面添加了一些律动气息。

图 14-20

## ★配色案例 44：饮品类网页配色

孔雀绿与同类色的搭配，能够体现出清幽的效果，展现出了一种生机，有一种
回归大自然的心态，非常适用于与健康有关的行业。

| 案例背景 | 案例类型 | 饮品类网页设计 |
|---|---|---|
| | 群体定位 | 注重健康的用户 |
| | 表现重点 | 孔雀绿透露出孔雀所具有的高贵，常用来表现古典和流行的感觉 |
| 配色要点 | 主要色相 | 孔雀绿、深绿、浅灰 |
| | 色彩印象 | 高贵、古典 |

| #008077 | #09502e | #ffffff |
|---|---|---|
| 主色 | 辅色 | 文本色 |

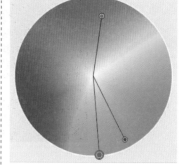

## 设计分析

① 页面中以大面积的孔雀绿与深绿色搭配，整体为同色系配色，充满了活力与朝气。

② 一些红色的点缀，与主色形成了强烈的对比，呈现出天然、健康和生命的气息。

③ 乳白色为背景色，给人一种干净、整洁的印象，符合乳饮品网页的主题。

## 绘制步骤

第 1 步：创建页面主要版块结构，确认主色。

第 2 步：插入主题图片，插入形状和文字，制作顶部和左侧的导航栏。

第 3 步：插入文字和形状，完成网页上半部分的制作。

第 4 步：插入形状、文字及图片，完成下半部分。

## 配色方案

| | 通透 | | | 幽深 | |
|---|---|---|---|---|---|
| #006094 | #c6c8e5 | #00aa72 | #003165 | 00aa72 | #1587af |

| | 悠远 | | | 芳香 | |
|---|---|---|---|---|---|
| #004689 | #00aa72 | #498990 | #00aa72 | #f3a8b8 | #fff798 |

↓ **延伸方案**

√ 可延伸的配色方案　　　　　　　　　　× 不推荐的配色方案

配色评价：

将略带蓝色的孔雀绿换为黄绿色，进一步与绿色靠近。页面呈现一种充满生机和活力的效果，能够表现出温暖、亲和的感觉。

配色评价：

紫色和绿色都属于深基调色彩，搭配起来有不干净的感觉。建议不要采用此种搭配，如确需搭配，可以在二者中间加粉色或白色作为跳色，以减少颜色结合部的模糊状。

↓ **相同色系应用于其他网页**

应用于家具类网页：

① 孔雀绿的高贵与橙色的时尚搭配，同时形成了对比，让人感觉时尚、富有活力，给人一种愉悦的心情。

② 在深色背景的衬托下，更能表现出清晰、动感的效果。

应用于个人网页：

① 多种明度和纯度较高的多元色彩相搭配，对比强烈，表现出一种欢乐的氛围，页面整体配色和谐。

② 运用到网页设计中，能够增强页面品质感和个性感。

# 第 15 章 构造网页配色的视觉印象

对于色彩印象的感受，虽然存在个体差异，但是大部分情况下，我们都具有共同的审美习惯，这其中暗含的规律就形成了配色印象的基础。

不管是哪种色彩印象，都是通过色调、色相、色调型、色相型、色彩数量、对比强度等诸多因素综合而成的。将这些因素按照一定的规律组织起来，就能准确营造出想要的配色印象。

## 15.1 女性化的网页配色印象

女性化的配色是一种让人感受到年轻女性之美的亮色配色模式。女性化的网页配色一般使用暖色系来增加女性色彩，若再配上明度差较小的柔和颜色，则能更好地表现出女性的特点，明度较高的紫色能体现出女性优美的特点，如图 15-1 至图 15-3 所示。

该网页为女性主题，虽然少有暖色的加入，但是大面积使用灰色体现了现代女性卓尔不凡的优越品质，高纯度、高明度的绿、蓝、黄等颜色体现了春天的气质，整个页面给人柔和、明媚的印象，有着春天百花齐放的气息，婉约中彰显艳丽，给人健康、青春、年轻态的感受，能引起女性群体对活力青春的追求和向往。

图 15-1

该网页中使用高纯度、低明度的酒红色来体现女性的妩媚和成熟感。使用棕色和黑色作为辅色，对页面起到了很好的调和作用。整个页面内容丰富、动感十足。

图 15-2

与同色系、邻近色搭配时，页面色调统一，不受外来因素的干扰，能够增添庄严的气氛。红紫色与同色系中明度较高、纯度较低的紫色相搭配，体现出甜美的页面感。

图 15-3

## ★配色案例 45：化妆品网页配色

搭配紫色的同色系颜色能够渲染出甜美和淡然的气氛，适合于女性产品的配色；与对比色搭配时，可以营造出一种神秘感。

| 案例背景 | 案例类型 | 美容护肤类网页 |
| --- | --- | --- |
| | 群体定位 | 女性用户 |
| | 表现重点 | 优雅的红紫色调带动整个页面，与温柔的粉红色和洁白的白色系搭配，表现出其独有的时尚品位 |
| 配色要点 | 主要色相 | 紫红色、粉红色、白色 |
| | 色彩印象 | 婉约、优雅、华美 |

| #e198c0 | #d96591 | #c3c3c3 |
| --- | --- | --- |
| | #69053b | |
| 主色 | 辅色 | 文本色 |

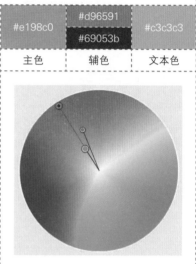

### 设计分析

① 紫红色与暖色系相搭配，使页面散发出甜美的气息。柔和的色彩能够突出活泼的主题，紫红色能够给人时尚浪漫的感觉，符合该网页的特点。

② 网页的文字颜色采用了灰色，在多彩的页面中显得低调且干净，利于阅读。

### 绘制步骤

第1步：确认网页主色并创建整体布局,完成导航栏的制作。 第2步：确定页面的布局，并插入文字和图片素材。

第 3 步：继续插入其他素材和文字。　　　　第 4 步：完善页面内容，并制作版底内容。

## 配色方案

| 妩媚 | | | 知性 | | |
|---|---|---|---|---|---|
| #b60066 | #c2659f | #f3a7a5 | #8abea5 | #b60066 | #005fa3 |

| 娴静 | | | 风雅 | | |
|---|---|---|---|---|---|
| #e198c0 | #c1c6c9 | #002870 | #62b2e4 | #e198c0 | #a5bbc3 |

## 延伸方案

√ 可延伸的配色方案　　　　　× 不推荐的配色方案

配色评价：
① 浅浅的紫色，不仅能够体现出女性的柔美，更多了一份清爽和神秘的感觉。
② 深紫与浅紫的搭配，不仅能让人感觉到优雅静谧，还会给人以卓越非凡的魅力感。

配色评价：
① 浅茶色给人一种纯朴的感觉，色彩柔和，具有亲切感。
② 咖啡色拥有沉着、坚硬的特征，给人踏实、稳重的印象，可以营造出厚重的古典氛围，但会让人觉得过于古板。

199

🔽 相同色系应用于其他网页

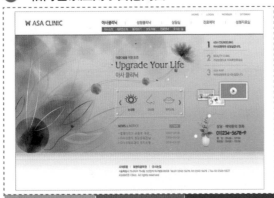

应用于女性美容类网页：
大面积使用红紫色作为主题内容，让人一目了然，使整个页面温暖舒适，富有亲切感，导航部分搭配了同色系，渲染一种优美、和谐的氛围。

应用于婚姻情感网页：
高明度的红紫色散发着浓浓的柔美和甜蜜的气息，配合其他甜美和明艳的色彩更能将青春和活力诠释到极致，非常适合婚姻情感类网页。

# 15.2  男性化的网页配色印象 🔍

冷色系的颜色一般流露出男性色彩。使用明度差大、对比强烈的配色，或者使用灰色及有金属质感的颜色，能很好地描绘出男性色彩，体现出男性理智的特点，如图 15-4 所示。

男性化网页使用冷色系淡弱色调能体现出稳重，而使用明度较高的浅色可以体现出清爽，如图 15-5 和图 15-6 所示。

该网页使用灰色作为主色，以灰色和深蓝色系为主，配以褐色，给人稳重、男性化的印象，页面立体丰富，色调幽暗，结构分明，更显得果敢坚毅，让人联想起男性的精神。

图 15-4

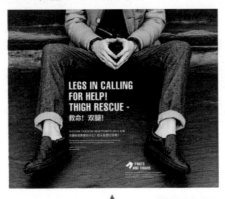

该网页中大量运用了蓝黑色，明度差较小，这种色调给人刚强坚实、沉着稳重、十足男性化的感觉，搭配偏暖的浅茶色，明度上的一致如同绅士般的风度给人以温和舒适感，白色的文字突出了主题且添加了阳刚的印象。

图 15-5

该网页中浅灰色和深蓝色相搭配，首先确定了理智的印象，明度和纯度的变化给人智慧和格调感，点缀褐色起到了舒缓的作用，也给人镇定自若的印象，明艳、动感的黄色中加入灰色，在使黑色成为焦点的同时也起到了调和的作用。

图 15-6

## 15.3　稳定安静的网页配色印象

　　冷色系的低纯度颜色给人一种凉爽感，使用这些颜色可让人的心灵享受宁静。具有大自然中小草或者绿树颜色的配色是净化心灵的最佳配色。在网页配色中，使用低灰色调可以体现安稳，使用低纯度可以体现出惬意，使用淡弱色调可以体现出安静，如图 15-7 和图 15-8 所示。

该网页中使用的灰色调首先给了浏览者以安稳的印象，少量的暗色强调了明度对比，在安稳中带着宁静致远、与世无争的意味，暗紫色的加入给人以依赖、放松的感觉。

图 15-7

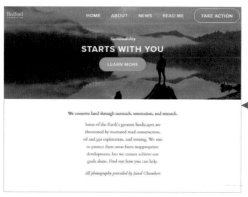

这是一个旅游度假网页，深蓝色的主图给人以追求自由的感受，优雅而低调的浅灰色不经意间营造出自然而温馨的氛围。低纯度的蓝绿色和蓝色能够稳定躁动不安的情绪，给人以心安与惬意的感觉。

图 15-8

　　安静的色调可以表现心情安定以及没有任何嘈杂声音的场景。它以纯度含蓄的淡弱色调为主，与明亮柔和的色调搭配，流露出和谐与安宁的美感，如图 15-9 所示。

这是一家高端酒店的网页，棕色、蓝色、灰色和黑色均为可以体现男性性格特征的颜色，明度差不多的淡弱色调配合主图传达概念，烘托了心情安定以及没有任何嘈杂声音的场景，以含蓄的淡弱色调为主的表现手法，让一些明亮的色调点缀其中，流露出和谐与安宁的美感。

图 15-9

## 15.4　兴奋激昂的网页配色印象

　　在网页配色中，运用高纯度的色彩搭配能体现出兴奋，多元素的对比较高的色彩可以体现激情昂然，低色调为主的高明度点缀或过渡页面可以体现出动感，如图 15-10 所示。

　　低色调给人沉稳的感觉，表面看起来很安静，隐约透露出一种动感，使用给人兴奋感觉的颜色作为基色，搭配温暖感觉的色调，使整个页面更加突出，如图 15-11 所示。

该网页使用高纯度的黄、红、蓝、绿等对比较高的颜色，再加上粉色、白色、绿色、棕色等色彩，大量的色彩运用，高度符合页面主题，给人极强的视觉冲击，令人感觉兴奋和生动。

该网页中主体上使用低色调，首先给人以沉稳的印象，表面上看起来很安静，高明度的点缀，阴暗中高光的穿透感，加入点缀的红色带来的温暖给人奋进、昂扬的心理感受。

图 15-10　　　　　　　　　　　　图 15-11

## 15.5　轻快律动的网页配色印象

　　颜色的轻重感和颜色三要素中的明度之间的关系最为密切，鲜艳的高明度色彩给人轻快的感觉，若同时再加上白色，则还能增添清洁、明亮之感，如图 15-12 所示。

　　使用低色调的网页，同色系的色彩搭配可以表现出含蓄的印象；邻近色的搭配可以表现出青春童话般的美妙联想；使用低纯度的间色或互补色搭配，给人以享受和快活的感觉，如图 15-13 所示。

茶色无论是在纯度还是在明度上，都给人以柔和的印象，柔嫩气息的粉红色和中庸的灰色的搭配不仅清晰，而且给人以轻松、雅致的感觉，且非常具有亲和力。

该网页中低色调的主图占用了大量的面积，色彩搭配给人以低调、华丽的印象，黄色、白色、黑色的加入使整个页面变得动感、美妙、趣味横生，突出渲染了享受、快乐的感觉。

图 15-12　　　　　　　　　　　　图 15-13

## 15.6　清爽自然的网页配色印象

　　给人以清爽、自然的色彩印象，就像大自然的气息，能让人感受到希望的力量，经常用于网页设计和广告设计中，如图 15-14 所示。

在网页配色中，使用对比色搭配，能呈现出清爽、透彻的感觉，使用同色系色调可以体现天然，使用明度高的冷色可以体现悠闲，加入暖色的协调和点缀可以体现阳光，如图 15-15 所示。

该网页中以蓝色为主色，明度和纯度的变化使页面显得清爽，彰显了天然性，白色和红色的加入，使整个页面不会显得过于冰冷，增加了些许灵动感和惬意感，悠闲之中蕴含着些许阳光的明媚气息，使人感到欢乐和愉悦。

该网页中的浅蓝色背景，搭配页面中的白色云朵，给人以轻巧、广阔的印象，漫画中的绿色和橙色，显得生机盎然，更给人以辽阔和包罗万象的感受，整体页面显得清爽、明快、自然、和谐，给浏览者以舒适、惬意的感受。

图 15-14　　　　　　　　　　　　　　　图 15-15

# 15.7　浪漫甜美的网页配色印象

浅淡的色调能给人一种清澈透明的视觉享受，营造出典雅、浪漫的氛围。以浅淡的紫色与丁香色为主，给浏览者一种朦胧的梦幻感觉，如图 15-16 所示。

丁香色是一种有着含蓄女性印象的温柔紫色，用它搭配明亮清新的色彩，可以表现和谐感。该网页中使用丁香紫、浅茶色和棕色进行搭配，给人以含蓄、温和、安定的印象，浅绿色和浅蓝色为整个页面增添了温馨与活力。

图 15-16

甜美使人联想到糖果、冰淇淋、点心等甜味食品，甜食使人感到心情愉快，甜美所表现出的色调也可传达出一种天真、快乐的感觉，如图 15-17 所示。

如同冬日的阳光一样，高纯度色调给人温暖，象征着丰富、光辉和美丽，适用于表现开放的年轻人，与同类色、邻近色搭配，色调统一而不失奔放，如图 15-18 所示。

糖果色为高纯度、高明度的鲜艳颜色，以粉色、粉蓝色、明艳紫、柠檬黄等甜蜜的女性色彩为主色调，像儿时收集的糖纸，明亮显眼。

图 15-17

该网页中使用高纯度、高明度的桃红色搭配，色调柔和，给人以情感细腻、温柔的感觉，与黑色、白色、橘黄色进行搭配，给人以青春靓丽的感受，体现出欢乐的气氛。

图 15-18

## ★ 配色案例 46：休闲食品网页配色

　　说起甜点，一般给人甜蜜而又五彩缤纷的感觉。下面通过一个卡通甜点网页的制作，学习如何将深沉的颜色与其他多彩的颜色搭配。

| 案例背景 | 案例类型 | 休闲食品网页设计 |
|---|---|---|
| | 群体定位 | 美食爱好者 |
| | 表现重点 | 使用咖啡色表现浓郁芳香的糕点，给人以甜蜜又五彩缤纷的感觉 |
| 配色要点 | 主要色相 | 棕色、咖啡色、绿色、品红色 |
| | 色彩印象 | 可口、甜美、健康 |

| #eeccab | #713b12 | #694429 |
|---|---|---|
| | #3f720f | |
| 主色 | 辅色 | 文本色 |

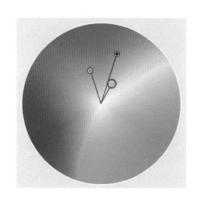

## 设计分析

① 整个页面虽然没有使用大范围的棕色，却起到了很重要的作用，使页面看起来色彩鲜艳又不轻浮。

② 将棕色的文字散布于页面中，与背景颜色呼应，使页面看起来更加稳重。

③ 使用浅棕色做主色，页面鲜亮而突出。加入少许绿色作为辅助，突出了绿色健康主题的同时，给人以健康的感觉。

## 绘制步骤

| 第1步：填充背景色，构建页面框架。 | 第2步：插入主题图片和导航文字。 |
| --- | --- |
| 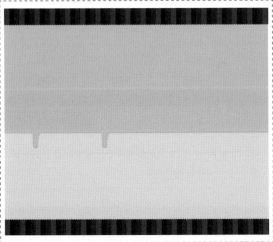 | 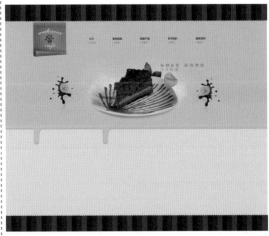 |
| 第3步：插入主要素材图片和文字说明。 | 第4步：插入其他文字、形状及元素。 |
|  |  |

## 配色方案

| 活泼 | | | 鲜美 | | |
| --- | --- | --- | --- | --- | --- |
| #ea5520 | #29288b | #009c42 | #fe85b4 | #aacf45 | #f7ab00 |
| 明快 | | | 祝福 | | |
| #f5d70c | #7fbf42 | #ea5520 | #fdd000 | #b8afca | #e50044 |

### 延伸方案

√ 可延伸的配色方案　　　　　　　× 不推荐的配色方案

 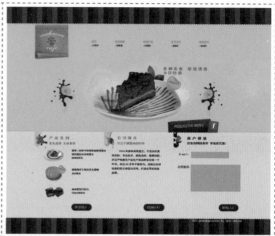

配色评价：

粉色给人犹如少女般娇嫩、可爱的印象，使用在西点网页中，增加了页面的甜美气息。

配色评价：

蓝色纯净而幽远，较为清澈的蔚蓝色无法映衬西点的甜腻，不适合作为食品页面的主色。

### 相同色系应用于其他网页

应用于食品网页：

① 背景色的明度渐渐提高到主体颜色，变化较为缓慢，使页面整个色调较为柔和、不沉重。零星的绿色形成一个三角形，起到了装点页面的效果，又不失稳重。

② 页面下方的白色文字与上方的白色图案相呼应，既稳定了页面，又不显得背景突兀，为严肃的页面添加了活跃的气氛。

应用于业务推广网页：

① 使用棕色作为背景，释放着一种高贵而又质朴的气息，给人以稳重而又奢华的感觉。以同色系不同色相和高亮度的颜色作为主色，突出主体的同时，给人眼前一亮的新鲜感。

② 以小块鲜亮的红橙色作为辅色，提高页面耀眼度的同时，减少视觉疲劳，一举两得。白色的文字起到了锦上添花的作用，使整个页面看起来更加活泼、轻盈。

## 15.8 传统稳重的网页配色印象 🔍

　　橄榄绿与同类色、邻近色搭配时，给人带来传统、友好、和善的感觉；与对比色搭配，显得尊贵高雅；在灰色调中，起到一定的收敛作用，有着稳重、威严的色彩意向，如图 15-19 和图 15-20 所示。

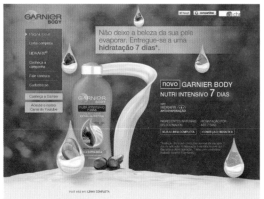

该网页使用传统风格的橄榄绿和新鲜的苹果绿作为主色，使用深紫色作为辅色。整个页面给人清新、健康的感觉，将产品的主题完美呈现。页面中白色的文字，清晰呈现了产品品牌和广告语，整个页面对比较强却不失宁静感，有一种特别的味道。

灰绿色稳重而充满威严，使用红色作为点缀色，是个性和情趣的体现，与柔和的黄色和浅绿搭配，色彩分明，表现出严肃的感觉。低明度的色调体现出沉稳的印象，搭配明度较低的颜色，给人一种厚重深邃的感觉。

图 15-19

图 15-20

# 15.9　雍容华贵的网页配色印象

雍容华贵的色调常用来表现浓郁、高雅的情调与热情奔放的情感，还能表现出女性的柔美多情，常用来表现女士的礼服。根据色调的差异还可以表现温暖时尚的效果。

在网页配色中，鲜艳、刺激、对比强的炫彩色调可以体现出雍容华丽的视觉效果，低明度色调能够体现华贵、高纯度色调能够体现华丽，如图 15-21 和图 15-22 所示。

该网页中使用红色、品红色、橙色和黄色等纯度和明度较高的暖色构成炫彩色调，体现出雍容、华丽、奔放的感觉。整体页面时尚、刺激、丰富，对比强烈，引人注目。

深紫色和暗红色的明度较低，表现华贵、典雅的气氛，使用浅紫色过渡，烘托出浪漫的情怀，高纯度的桃红色、桃粉色给人以高贵、时尚、典雅的现代感，尽显女性魅力。

图 15-21

图 15-22

## 15.10 艳丽的网页配色印象

鲜艳的色调总是让人感觉明快、艳丽，令人振奋，它有着引人注目的能量，能给人带来温暖，也是具有春天气质的颜色，常用来表现春天百花齐放的美丽。

艳丽风格的配色使用视觉上引人注意的图像，能左右人们的视线。提高纯度、和谐地使用多种颜色，能给人一种鲜艳的感觉。在网页配色中，高明度的色彩搭配可以体现出明媚，高纯度的色彩搭配可以体现出娇艳，如图 15-23 所示。

牡丹粉是一种明艳的粉紫红色，娇艳无比，它代表着明媚的春光和无限的春色，是一种十分美好的颜色，如图 15-24 所示。

该网页中使用青绿色、黄色、牡丹粉多种高纯度明艳、丰富的色彩，在视觉上十分引人注意，左右着人们的视线，给人以鲜艳、艳丽的印象。整个页面呈现出明快、欢乐的氛围。

该网页中使用牡丹粉与高明度或高纯度的蓝色、青色进行搭配，显得特别传神、引人注目，且营造出一种阳光明媚的愉快气氛。

图 15-23

图 15-24

# 第16章 网页配色的调整方法

主题明确和整体融合是优秀网页设计的重要因素，如果主题不够明确、整体不够融合，就会让浏览者心烦意乱，配色整体也会缺乏稳定感，会失去网页制作的初衷，也会使网页的宣传力度和广告效果大打折扣。

## 16.1 突出主题的配色技巧

### 16.1.1 明确主题，形成焦点

主题突出是优秀网页设计的最重要条件，能够聚焦浏览者的眼光，在视觉上形成一个中心点，明确地阐述主题，对整个网页设计来说有着重要意义。如果主题不够明确，就会让浏览者心烦意乱，无暇顾及，失去网页存在的意义。

突出网页主题的方法有两种，一类是直接增强主题的配色，保持主题的绝对优势，可以通过提高主题配色的纯度、增大整个页面的明度差来实现。另一类是间接强调主题，在主题配色较弱的情况下，通过添加衬托色或削弱辅助色等方法来突出主题的相对优势，如图 16-1 和图 16-2 所示。

 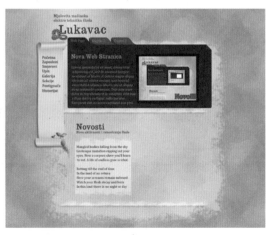

该网页中的主题图片鲜艳、亮丽，使用白色和黑色搭配，直接增加了主题的艳丽感和吸引力，使主题处于绝对重点突出的地位，保持了主题图片在整个页面中的绝对优势。

该网页中通过浑浊、模糊背景的方法，来间接突出主题，黑色与淡黄色的高强度对比明显成为视觉中心，显得分明、硬朗、约束，在整个页面中形成强势的体现。

图 16-1                                    图 16-2

## 16.1.2 提高纯度，确定主题 ⊙

在网页配色中，为了突出网页的主要内容和确定网页的主题，提高主题区域的色彩纯度是最有效的方法。纯度就是鲜艳度，当主题配色鲜艳，与网页背景和其他内容区域的配色相区分，就会达到确定主题的效果，如图 16-3 和图 16-4 所示。

该网页中大面积、高纯度的红色构建了页面中的主要区域，形成了视觉的焦点，使这个区域中的内容成为表达的重心，搭配纯度较高、明度低的蓝色，对比鲜明，整体协调，主题的表达方式显得更加强势有力。

在上面的两个页面中，使用了鲜艳度很高的颜色作为背景的页面比纯白背景的页面更能突显页面的主题。无论是主题还是灰色按钮，在蓝色背景上都显得更加清晰，更有利于浏览者快速理解并使用。

图 16-3 图 16-4

## 16.1.3 增大明度差 ⊙

明度就是明暗程度，明度最高的是白色，明度最低的是黑色，任何颜色都有相应的明度值，同为纯色调，不同的色相明度也不相同，例如黄色明度最接近白色，而紫色的明度靠近黑色，如图 16-5 所示。

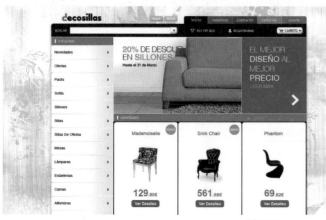

该网页中的橙色和蓝色明度对比鲜明，相比于蓝色的沉静，橙色显得明亮、跳跃，两者的搭配构成了动静皆宜的表达方式，空间感、层次感分明突出，确定了主体在页面中的重要地位，成为整个页面的焦点。

图 16-5

设计网页时，可以通过无彩色和有彩色的明度对比来突显主题。例如，网页背景是色彩比较丰富的，主题内容是无彩色的白色，可以通过降低网页背景明度来突显主体色；相反，如果提高背景的色彩明度，相应地就要降低主题色彩的明度，只要增强明度差异，就能提高主体色彩的强势地位，如图 16-6 所示。

该网页中使用了无彩色和有彩色的明度对比，背景使用暗淡浑浊的灰色，使作为主色的红色更加突出、鲜明，具有强对比的绿色，在层次上处于衬托和被压制的角色，使主体色彩极为强势。

图 16-6

## 16.1.4 增强点缀色

当网页主题的配色比较普通、不显眼时，可通过在其附近装点鲜艳的色彩为网页中的主要内容区域增添光彩，这就是网页中的点缀色。在网页中对于已经确定好的配色，点缀色能够使整体更加鲜明和充满活力，如图 16-7 所示。

该网页中的点缀色为绿色和橙色，点缀色面积较小，既装点了主体，又不会破坏网页的整体配色。点缀色的面积如果太大，就会在网页中升为仅次于主体色的辅助色，从而打破了原来的网页基础配色。加强色彩点缀的目的只是为了强调主题，但不能破坏网页的基本配色。

图 16-7

## 16.1.5 抑制辅助色或背景

浏览大部分网页时，会发现突出网页主题的色彩会比较鲜艳，视觉上会占据有利地位，但不是所有网页都采用鲜艳的颜色去突出主题。

根据色彩印象，在网页配色中，主体使用素雅的色彩也很多，所以就要对主体色以外的辅助色和点缀色稍加控制，如图 16-8 所示。

当网页的主体色彩偏柔和、素雅时，背景颜色在选择上要尽量避免纯色和暗色，用淡色调或浊色调，就可以防止背景色彩的过分艳丽导致网页主题的不够突出，影响整体风格。总的来说，削弱辅助色彩和背景色彩有利于主体色彩变得更加醒目。

该网页中主题图片多呈现白色和浅灰色，与之分明的紫色作为主体的颜色显得清晰明了，使用极为低暗的深褐色作为背景时，紫色呈现出亮丽的状态，依然可以引人注目。

图 16-8

## ★ 配色案例 47：工作室网页配色

工作室的网页通常内容不多，可以使用大面积的颜色加强浏览者的客观印象。通过颜色固有的色彩意象，向浏览者传达工作室的信息和业务范畴。

| 案例背景 | 案例类型 | 工作室网页设计 |
|---|---|---|
| | 群体定位 | 工作室客户群 |
| | 表现重点 | 天蓝色能传达出信赖感，让人冷静、踏实，适用于商业类的平面设计中。该案例大面积采用天蓝色，让人感到亲近。少量黄色和黑色的点缀增强了页面的华丽感，使页面的主题更加突出、醒目、引人注意。充分的留白和简单的布局，给人干练的印象 |
| 配色要点 | 主要色相 | 天蓝色、黄色、浅灰 |
| | 色彩印象 | 信赖感、醒目、干练 |

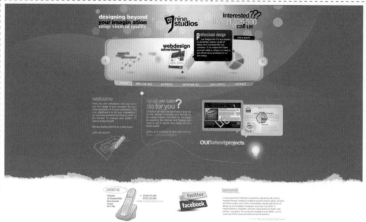

| #007bbb | #ffdc10 | #cbcbcb |
|---|---|---|
| 主色 | 辅色 | 文本色 |

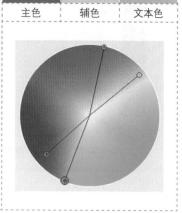

## 设计分析

① 天蓝色与同色系搭配，具有镇定、庄重的效果，给人理智的印象，能给浏览者带来信赖的感觉，增加工作室的可信度。

② 使用少量高明度的黄色和红色点缀页面，在蓝色的衬托下，使页面更加活泼，彰显魅力。页面底部恰当的留白能够表现舒适的感觉。

### 绘制步骤

第 1 步：插入背景图片和背景元素。

第 2 步：制作网页上面部分及导航栏。

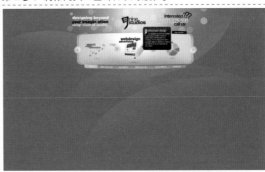

第 3 步：插入形状、文字和图片，制作中间部分。

第 4 步：插入文字和形状，完成留白内容的制作。

### 配色方案

| 青春 | | | 向上 | | |
|---|---|---|---|---|---|
| #b8afca | #00a572 | #d5007f | #dae000 | #eb6100 | #b8afca |

| 开放 | | | 舒适 | | |
|---|---|---|---|---|---|
| #00aeb7 | #fff2b8 | #bbdfc6 | #bbdfc6 | #eeefef | #f7c7ce |

### 延伸方案

√ 可延伸的配色方案

× 不推荐的配色方案

配色评价：

① 蓝色是很常用的商务色，这种明艳的冷色能够更好地表现出空旷、冷静和睿智的感觉，使页面更具说服力。

② 将留白位置填充为黄色，加强页面对比的同时，与顶部黄色色块相呼应，突显主题信息。

配色评价：

① 绿色的加入可以给人生机盎然的感觉，给浏览者一种健康向上的感觉。

② 当颜色明度过高时，会感觉很轻，缥缈的感觉让人觉得不够沉稳。

↘ **相同色系应用于其他网页**

应用于旅游度假网页：
页面中辽阔的天空、纯洁的白云让人感觉到旅行的乐趣与自由，橙色的建筑群压制了冰冷的蓝色，营造出明朗、刺激的气氛，使页面充满了活力。

应用于数字化设计网页：
网页本身的设计反映了这家公司的实力，采用大面积的天蓝色，给人一种冰爽、冷静的感觉。小面积的绿色与红色很好地点缀了页面。

## 16.2 整体融合的配色技巧

在进行网页配色设计时，在网页主题没有被明显突出显示的情况下，整体的设计配色就会趋向融合的方向，这就是与我们前面所了解的突出主题配色相反的配色走向。

### 16.2.1 使用接近的色相

与突出网页主题的配色方法一样，可采用对色彩属性（色相、纯度、明度）的控制来达到融合的目的。突出网页主题时，我们需要增强色彩之间的对比性，而融合配色则完全相反，是要削弱色彩的对比。

在融合的配色技法中，还有诸如添加类似色、重复、渐变、群化、统一色阶等行之有效的方法，如图 16-9 所示。

该网页采用绿色作为主色，表现高尔夫运动的健康性和休闲性。通过使用色相差较小的黄绿色和天蓝色作为补色，使色彩彼此融合，使网页配色效果更加稳定，统一向外传达主题。

图 16-9

## 16.2.2 使用接近的色调

网页中无论使用什么色相进行组合配色，只要使用相同的色调颜色，就可以形成融合效果，同一色调的色彩具有同一类色彩的感觉，所以在网页中塑造了一种统一的感觉。同色调的色彩搭配是相融性非常好的配色方法，能中和色相差异很大的配色环境，如图 16-10 所示。

为了突出页面中产品的品质，该页面采用了灰色作为主色，并使用了灰色调的主图。辅色也采用不同纯度的灰色。整个页面色调统一，主题明确。浏览者在打开页面时，会第一时间感受到灰色带来的质感和品质。与网页所要表达的产品主题高度一致。

图 16-10

## 16.2.3 添加类似色或同类色

在选择网页色彩时，数量上尽量保持在两至三种，这样会保持页面的整体性，如果两种色彩的对比过于强势，可以通过加入和两色中的任意色相相近的第三种色彩，就会在对比的同时增加整体感，这种色彩在选择上可以优先考虑相邻色和类似色，如图 16-11 所示。

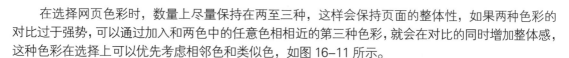

该网页中使用大面积的黄色与小面积的橙色和红色搭配，同类色搭配做到了对比中有统一，协调中体现分明的配色手法，给人温馨、明亮的色彩印象。浅灰色的背景颜色极好地降低了页面中主色的喧闹感。整体页面呈现出柔和、舒适的气氛。

图 16-11

## ★配色案例 48：便利店网页配色

蓝色会给人以深邃、悠远、广阔的印象，而更为柔和的靛色则少了几分深邃，多了几分沉静，温柔了许多，且给人以清澈感，与明丽的黄色搭配，使冲突感不会过于强烈，会给人以明艳、愉悦、美好的感觉。

| 案例背景 | 案例类型 | 便利店网页设计 |
|---|---|---|
| | 群体定位 | 年轻人，追求健康的群体 |
| | 表现重点 | 高纯度的色彩搭配艳丽丰富，令人愉快，对比强烈，给人以赏心悦目的感觉 |

| 配色要点 | 主要色相 | 蓝色、黄色、绿色、灰色 |
| | 色彩印象 | 明艳、愉快、新颖 |

| #258dd6 | #ffec48 | #000000 |
|---|---|---|
| 主色 | 辅色 | 文本色 |

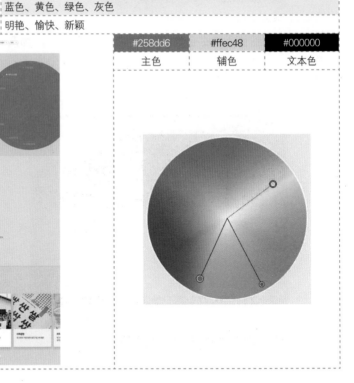

### 🔽 设计分析

① 高纯度的色彩搭配艳丽、丰富，令人愉快，蓝色和黄色是对比色，对比强烈，容易引起人的注意，给人以赏心悦目的感觉，高饱和度的两种色彩在起到吸引注意的作用后，又与产品的颜色和明暗形成鲜明的对比，并且使用完美的倾斜度，成功使产品在整个页面中处于重要地位。

② 浅灰色和绿色进行搭配，虽然不会在视觉上过于刺激眼球，比较柔和，但因为绿色明度较低，对比也很鲜明，成功起到了辅助作用，与淡黄色的产品搭配显得艺术且雅致。

③ 下面部分继续使用跳跃感极强的黄色来吸引浏览者的注意，使得最底部的内容不会因为最上面的内容过于突出而黯然失色。

④ 上中下三部分层次、界限分明，最不易吸引目光的内容放在最重要的中间位置，布局、结构合理，整体页面给人以明快感，充满欢乐气氛。

### 🔽 绘制步骤

| 第 1 步：创建整体框架，确认主色和辅色，插入 Logo 和文字，制作导航栏。 | 第 2 步：添加主图、形状和文字。 | 第 3 步：继续插入图片、形状和文字，制作中间部分。 | 第 4 步：添加图片，插入形状和文字，完成底部区域的制作。 |
|---|---|---|---|
|  |  |  |  |

## 配色方案

| 跳跃 | | | 怀旧 | | |
|---|---|---|---|---|---|
| #fced02 | #a39900 | #171717 | #926b30 | #250101 | #f7f9bc |
| 科技 | | | 浓烈 | | |
| #2984d7 | #0f0d0d | #ffffff | #b72213 | #0f0d0d | #ffffff |

## 延伸方案

√ 可延伸的配色方案 | × 不推荐的配色方案

配色评价：

使用粉红色和黄色搭配，给人活跃、可爱、甜美的感觉，不仅能吸引浏览者注意，而且还能成功地表达产品的特点，引起浏览者的购买欲望。

配色评价：

咖啡色易给人以传统的印象，追求的是岁月的沉淀感，与土黄色搭配有一种奢华的印象，但不符合产品特色，无法给人以兴奋感和潮流感。

## 相同色系应用于其他网页

应用于银行活动网页：

① 蓝色和黄色为主的搭配，呈现出明艳的氛围，给人以新颖、独特的感觉，加入粉色，3 种对比强烈的颜色更加吸引浏览者的眼球。

② 整个页面使用多种高纯度色彩，给人感觉有点乱，但很注意颜色与颜色之间的衔接和过渡，使诸多杂乱有序进行，降低了烦躁，增加了欢乐气氛。

应用于时尚购物网页：

① 该网页中的人物虽然没有被放在黄金比例的位置，但通过颜色搭配以及线与面的结构，成功地成为视觉焦点。

② 明艳的色彩、合理的过渡、清晰的结构以及分明的层次感与空间感，使整个页面充满新潮感和趣味性。

③ 灰色的加入可以很好地缓解蓝色和黄色的冲突，平衡页面，增加页面的品位感。

## 16.2.4 网页产生稳定感

色彩的逐渐变化就是色彩的渐变，有从红到蓝的色彩变化，还有从暗色调到明色调的明暗变化。在网页配色中，这都需要按照一定方向进行变化，维持网页的稳定和舒适感的同时，让其产生一种节奏感。

但有时配色可能不会按照色彩的顺序搭配，而是将其打乱，这会让页面渐变的稳定感减弱，给人一种活力感，如图 16—12 所示。但是，这种网页配色方法可能会造成页面色彩的混乱。

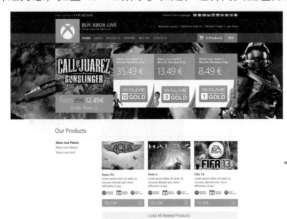

该网页中使用绿色作为主色，黄色、蓝色和橙色并排使用，视觉上产生对比强烈的渐变效果，维持页面稳定的同时增加了页面的节奏感。页面底部白色的运用，很好地降低了页面混乱感，起到整合页面的作用。

图 16-12

## 16.2.5 使用统一的明度

在网页配色中，如果色相差过大，想让网页传达一种平静、安定的感觉，可以试着将色彩之间的明度靠近，可以在维持原有风格的同时，得到比较安定的配色印象。

但在配色中要注意，如果明度差过小，色相差也会很小，那么将很可能会导致页面产生一种乏味、单调的结果，所以在配色中要依据实际情况将二者结合起来灵活运用，如图 16—13 所示。

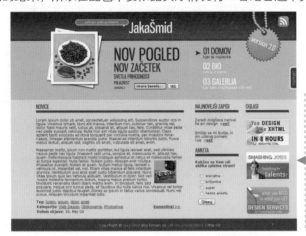

该网页中使用了明度较高的卡其色作为主色，与同样明度较高的蓝色和棕色搭配，做到了对比中有统一，协调中体现分明的配色手法，既给人沉稳、安定的印象，又体现了清澈明朗，且整体给人品质和惬意相兼的印象，呈现出柔和、舒适的气氛。

图 16-13

## ★配色案例 49：传媒网页配色

本案例将完成一个传媒类网站的页面制作，此类网站页面通常需要对比强烈、主题明确，在用户第一眼看到时就能留下深刻的印象。对比强烈的补色搭配方式非常适合制作此类网站页面。

| 案例背景 | 案例类型 | 传媒类网页设计 |
| --- | --- | --- |
| | 群体定位 | 广告应用群体 |
| | 表现重点 | 采用不同明度的蓝色搭配组合，给人一种神秘和危机感。深蓝色与玫红色形成了鲜明的对比，更加彰显了玫红色的激情与能量，整体效果呈现出一种神秘和孤傲的霸气 |
| 配色要点 | 主要色相 | 蓝色、玫红色、白色 |
| | 色彩印象 | 激情、创意、艺术 |

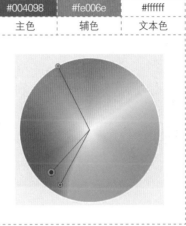

| #004098 | #fe006e | #ffffff |
| --- | --- | --- |
| 主色 | 辅色 | 文本色 |

### 设计分析

① 深蓝色总能给人一种身临其境的感觉，与蓝色系搭配，让人更加冷静，表现出一种冷酷、正派的印象。

② 少量玫红色的点缀，激发浏览者的积极性，展现激情，突出页面主题内容。

③ 搭配简洁的白色文字，既便于浏览者阅读，又向浏览者传达出了智慧、理性的效果。

### 绘制步骤

第 1 步：使用深蓝色填充背景，并绘制浅蓝色增加层次。

第 2 步：插入主题图片和 Logo。

第 3 步：输入文字，绘制图形，完成页面主体制作。

第 4 步：绘制图形，输入文字，完成版底内容制作。

## 配色方案

| 壮美 | | | 经典 | | |
|------|------|------|------|------|------|
| #007bbb | #bbdfc6 | #7d4296 | #81cddb | #fff100 | #e5a96b |
| 知性 | | | 绚烂 | | |
| #c7b8c9 | #625a05 | #85909a | #e6196e | #dc5f9f | #00a5a8 |

## 延伸方案

√ 可延伸的配色方案        × 不推荐的配色方案

配色评价:

可以将深蓝色换成暗青色。暗青色常被用于各种科幻片和灾难片,更适合表现蓄势待发前的短暂宁静。

配色评价:

全部使用明度较低的土黄色,页面比较整体化,但缺少层次感,主图过于抢眼,导致信息部分不够明朗。

## 相同色系应用于其他网页

应用于航空公司网页:

① 大面积的深蓝色,并没有过分的华丽与独特的样式,却展示出自己的尖端技术与安全性。

② 白云与图片的点缀使冷静呆板的氛围大大得到改善。页面整体效果呈现出极端的冷静、高科技和酷炫的感觉。

应用于生活类网页:

① 天蓝色给人一种低调的品位。没有华丽的色彩,搭配邻近色绿色,给人一种柔静的感觉

② 一些玫红色为页面增添了几分韵味,体现了现代都市的简约、大方、舒适的感觉。

# 第17章 使用配色软件

目前越来越多的辅助配色软件出现，例如 ColorKey、Kuler、ColorImpact 等。这些软件可以帮助设计师摆脱选择颜色的困扰，使设计师轻松完成配色，将更多精力放在设计其他部分。本章对几款人性化、科学化的交互式配色辅助工具进行介绍。

## 17.1　使用配色软件 ColorKey Xp

ColorKey 是由 Quester 主导开发、Blueidea.com 软件开发工作组测试发行的配色辅助工具，最新版本为 ColorKey Xp Beat5。

它可以使用户的配色工作变得更加轻松和更有乐趣，使用户的配色方案得以延伸和扩展，从而使作品更加丰富和绚丽。

### 17.1.1　软件简介

ColorKey 所采用的体系 (Color System)，是以国际标准的"蒙塞尔 (Munsell) 色彩体系"配色标准和 Adobe 标准的色彩空间转换系统为基准的。

程序采用了与标准图形图像设计软件兼容的色彩分析模式和独创的配色生成公式，使一切色彩活动都受严格控制。程序在合理的配色范围内也允许用户发挥自主性，使配色方案更能适应不同的需求。

> **提示**
>
> 蒙塞尔 (Munsell) 色彩体系是由美国色彩学家蒙塞尔 (Albert H. Munsell,1858—1918 年 ) 研究开发的，是世界著名三大体系之一。这一体系经过美国国家标准局和光学学会的反复修订，成为色彩界公认的标准色系。

程序按照蒙塞尔色彩体系的配色原理，对色彩的搭配进行了补色配合、同类色配合和对比色配合等不同分类。最新的 ColorKey Xp Beat5 版本中扩展了对配色区域的色彩调整功能，使设计者可以更大限度地控制色彩倾向，并为 Web 色彩提供了 Web 安全色接近模式。

> **提示**
>
> 新增了色彩配色方案的输出模式，修改了原有 HTML 输出的面貌，使色彩代码可以更好地显示和使用。通过使用 AI 格式色彩配色方案输出扩展了 ColorKey 的适用范围。

## 17.1.2 安装与启动软件

  ColorKey Xp 是一款简单易用的配色软件，下面针对软件的操作界面、色彩控制面板、外部拾色器和输出功能等方面全方位介绍基本的使用方法。

  下载安装包后，双击安装程序，可以进入安装界面，如图 17-1 所示。连续单击 Next 按钮至最后一步，单击 Install 按钮，启动安装，如图 17-2 所示。安装 ColorKey Xp 之后，可以在桌面上看到 ColorKey Xp 软件的快捷图标，双击该图标可以打开该软件，或者在"开始"菜单中找到相应的程序并单击打开。

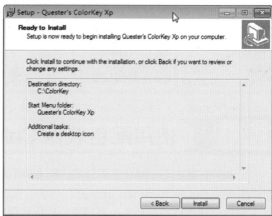

图 17-1             图 17-2

  进入软件，首先看到的是选择界面，如图 17-3 所示。目前"另类锋芒"版本在体验版中还没有发布，单击"传统经典"按钮，进入软件操作界面，如图 17-4 所示。

图 17-3             图 17-4

## 17.1.3 界面及功能区域

  软件界面左上角显示当前操作的文字说明或解释。界面右上角分别是"返回开始菜单"按钮和"关闭"按钮。左下角为功能按钮。界面中间左侧显示的 19 个六边形色块是软件的配色区域。其正中间的色块为基色，用户自定义此颜色进行色彩搭配，而其他色块将根据自定义的色彩来调整配色方案，如图 17-5 所示。

"返回开始菜单"按钮
和"关闭"按钮

配色区域

功能按钮

图 17-5

提示

在任何色块上单击鼠标，都会查看当前色块的 RGB 色彩值，以及 HEX(十六进制) 色彩值。

操作界面右侧有 4 个色彩控制面板，其中"调整配色限制阀值"面板和"整体色彩偏移"面板提供调整的高端功能。善用细节调整，可以获得更好、更灵活的配色方案。

## 17.1.4　"RGB 色彩调节器"面板

"RGB 色彩调节器"面板可以通过拖动滑块或者直接输入数值来产生 RGB 色彩。在色彩条上单击鼠标，也可以使滑块迅速移动到单击位置。

在调节器左侧的色彩方块中可以及时浏览当前所配的颜色，单击该色块，可以将当前调配的色彩显示在六边形的基色块上，如图 17-6 所示。

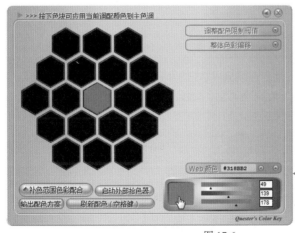

可以通过文本框直接输入
Web 模式或 RGB 模式的
数值来调整颜色，然后单
击色块，确定该颜色为主
色，主色被放在配色区域
最中间位置。

图 17-6

## 17.1.5　"调整配色限制阀值"面板

"调整配色限制阀值"面板中显示的是默认设置，如果想要得到更多样化的组合，可以调整色彩 HSB 参数，调整后单击"刷新配色"按钮或按下空格键，即可刷新配色，如图 17-7 所示。

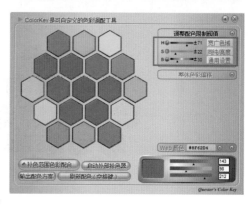

图 17-7

## 17.1.6 "整体色彩偏移"面板

　　"整体色彩偏移"面板中有"全部加亮""全部减暗""接近主色""接近补色"和"全部为 Web 安全色"5 个选项，可以根据需要单击各选项来调整与主色的关系，当调整好适合的色彩方案后，通过单击"全部为 Web 安全色"按钮，会得到与所见色彩最为接近的 Web 安全色，该选项对网页设计者来说是一个极其实用的功能，如图 17-8 所示。

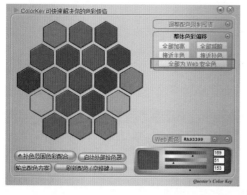

图 17-8

## 17.1.7 "Web 颜色调节"面板

　　"Web 颜色调节"面板完全展开时，可以提供 256 种网络安全色。另外，用户还可以在该面板底部的"Web 颜色"文本框中输入或者粘贴色彩值，如图 17-9 所示。

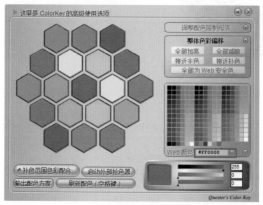

图 17-9

## 17.1.8　使用 ColorKey Xp 外部拾色器

在操作界面中单击"启动外部拾色器"按钮，弹出"外部拾色器"面板，在打开的"外部拾色器"面板中单击"吸管"图标，在屏幕范围内吸取所需要的颜色，如图 17-10 所示。

单击色块，打开"颜色"面板，可以选择现有颜色或通过各项参数设置颜色，如图 17-11 所示。

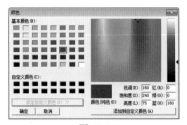

图 17-10　　　　　　　　　　　　　　　图 17-11

在面板上单击鼠标右键，在弹出的快捷菜单中可以选择不同的色彩代码格式，在 ColorKey Xp 的 RGB 文本框中输入 RGB 数值，然后单击"刷新配色"按钮，即可在色彩六边形中显示新的配色方案。

通过在拾色器面板上单击鼠标右键，在弹出的快捷菜单中选择 Exit 命令，完成退出外部拾色器的操作，如图 17-12 所示。如果想对从外部拾色器获取的颜色进行调整，也可以双击颜色框，通过滑杆来进行调整，如图 17-13 所示。

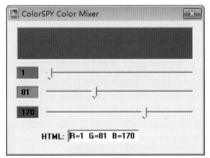

图 17-12　　　　　　　　　　　　　　　图 17-13

如果对颜色的明暗度不满意，可以通过单击"整体色彩偏移"面板上的调整按钮，获得更好的配色效果，如图 17-14 所示。

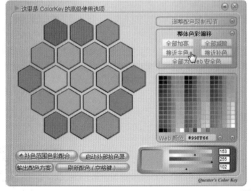
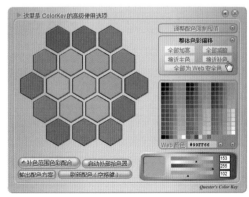

图 17-14

## 17.1.9 ColorKey Xp 的输出功能

此软件中色彩文件的输出功能，使设计师在团体工作时就色彩意见沟通和色彩信息共享方面有了一个简单的解决方案。通过共享色彩配置文件可以让团队内的色彩设计有一个统一的标准。

**提示**

默认状态下，输出文件被保存在 ColorKey 安装目录 Key/output 文件夹下，格式为 *.html 或者 *.ai。HTML 格式使用 IE 浏览器可以打开浏览，AI 格式需要安装 Adobe Illustrator 软件才能浏览。

单击操作界面中的"输出配色方案"按钮，弹出"配色方案文件输出选项"对话框，选择输出 HTML 格式配色文件或者 AI 格式配色文件，单击"输出文件"按钮，如图 17-15 所示。如果同时选择"输出后打开所在文件夹"选项，则输出后会自动弹出文件保存位置，如图 17-16 所示。

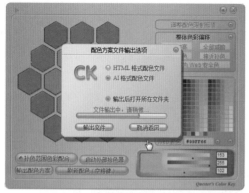
图 17-15

图 17-16

将方案发布为 HTML 格式，使用 IE 浏览器打开，效果如图 17-17 所示。将方案发布为 AI 格式，使用 Illustrator 打开，效果如图 17-18 所示。

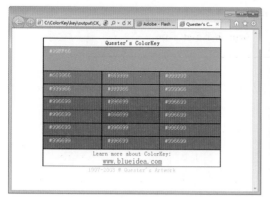
图 17-17

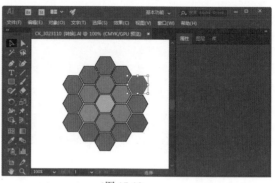
图 17-18

## ★配色案例 50：品牌女鞋网页配色

在该案例中使用补色进行色彩搭配，对比比较强烈，容易引起浏览者的注意，如果想要页面多一些协调、柔和的感觉，可以适当降低颜色的明度和纯度，便可以给人以冷暖相宜、清丽婉约的感觉。

| 案例背景 | 案例类型 | 品牌女鞋网页设计 |
| --- | --- | --- |
| | 群体定位 | 时尚女士、品牌固定消费群体 |
| | 表现重点 | 蔷薇粉和青绿色呈现出温馨、甜美的印象，给人以娇柔靓丽、高贵典雅的感觉，与黑、白、灰无彩色进行搭配，增加了品质感和卓越感 |
| 配色要点 | 主要色相 | 蔷薇粉、青绿色、黑色 |
| | 色彩印象 | 娇媚、典雅 |

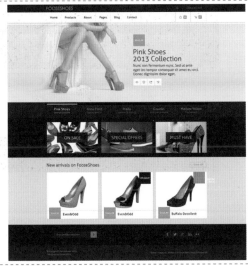

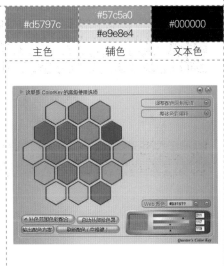

| #d5797c | #57c5a0 | #000000 |
| --- | --- | --- |
| | #e9e8e4 | |
| 主色 | 辅色 | 文本色 |

## 设计分析

① 使用蔷薇粉可以体现女性的柔美与娇嫩，与青绿色搭配，明度和纯度都适中，对比分明且协调一致，体现出女性的高贵和典雅。

② 灰色的背景增加了朦胧感，给人以婉约、优雅的印象，黑色和白色增加了品质感，给人以高格调、高品质的感觉。

③ 色彩的分布清晰明朗，结构简单且有层次，强势中蕴含着低调，整体风格既显品质高端又富有亲和力。

## 绘制步骤

| 第1步：创建整体结构，插入主图、形状和导航文字。 | 第2步：添加形状、文字和辅图。 |
| --- | --- |
| 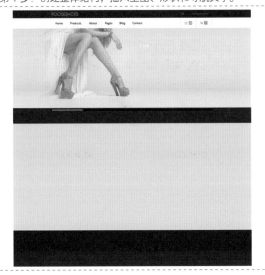 | 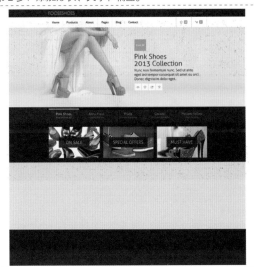 |

第3步：插入产品图片，制作中部的导航栏。　　　第4步：插入形状和文字，完成底部信息栏的制作。

 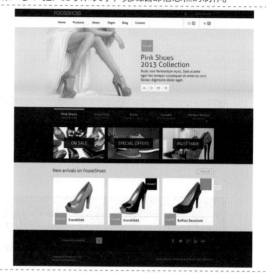

## 配色方案

| | 清新 | | | 洒脱 | |
|---|---|---|---|---|---|
| #5fd9cd | #ffff99 | #ffcc99 | #ffffff | #f0deb9 | #cc9966 |
| | 浪漫 | | | 甜蜜 | |
| #ffcccc | #edea40 | #008f40 | #ccccff | #cc99cc | #9999cc |

## 延伸方案

√ 可延伸的配色方案　　　　　　　　× 不推荐的配色方案

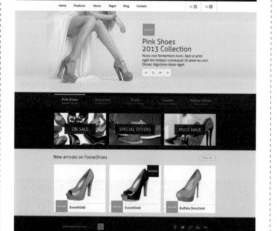 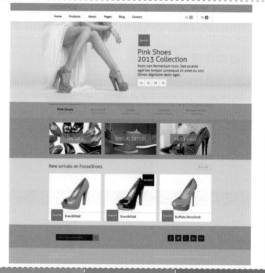

配色评价：
太阳橙带来温暖和幸福感，呈现出一片温婉动人的气象。太阳橙在色相和明度上强于蔷薇粉，呈现出阳光下明媚花朵的透迤景象，让人感到充满活力，衬托蔷薇粉的娇柔美丽，显得明艳动人。

配色评价：
和其他色彩搭配的时候，由于粉色无力的色彩特性，比较容易被其他色彩影响，品红色抢去了蔷薇粉的风采，土黄色无论是在明度上还是色相上对比都过于明显，使主体变得暗淡无光。

**相同色系应用于其他网页**

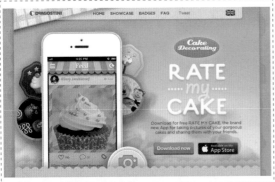

应用于蛋糕 APP 网页：
① 太阳橙、蔷薇粉和孔雀蓝给人以阳光、青春、优质的感觉，
　多色彩的点缀体现了内容丰富、绚丽的气氛。
② 灰白黑的加入，为稍显杂乱的多色系页面增加了稳定感。

应用于儿童类网页：
① 高纯度的多色组合，给人以天真、丰富、艳丽的视觉印象。
② 蔷薇粉的背景给人以温馨、甜美的印象，体现出难以忘怀
　的美好岁月，整个页面给人快乐、甜蜜的感觉。

## 17.2　使用配色软件 Adobe Color Themes

Adobe Color Themes 的前身是 Adobe Kuler，是全球知名软件公司 Adobe 所开发的一款色彩搭配工具，是广大设计人员的调色参考工具，如图 17-19 所示。

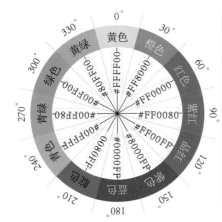
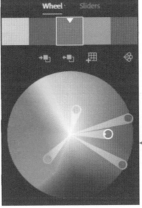

Adobe Color Themes 中的色轮使用色相环的方式展示了颜色的过渡，并且比色相环更加立体地展示了每一个颜色在色轮中的位置，通过颜色的位置可以了解该颜色的构成，并且了解该颜色的饱和度。

图 17-19

使用 Adobe Color Themes 可以根据页面的主色确定配色方案，Adobe Color Themes 会提供邻近色、互补色以及相同色相的不同明暗和色调等配色方案，既可以做整幅页面的色彩搭配的参考，也可以用来纠正色偏，以达到理想的和谐色调。

### 17.2.1　面板和选项卡

启动 Adobe Photoshop CC 2018，执行"窗口" > "扩展功能" > Adobe Color Themes 命令，即可打开该面板，如图 17-20 所示。

Adobe Color Themes 面板中有 Create、Explore 和 My Themes 三个标签，依序为"创建""探索"和"我的主题"三个选项卡，单击某个标签即可打开对应的选项卡面板，通过设置面板中的各项参数调整配色方案。

图 17-20

在 Adobe Color Themes 面板的 Create(创建)选项卡中，用户选择一种颜色作为主色，围绕这个主色使用不同配色方法来创建配色方案。Explore(探索)选项卡中则为用户准备了诸多的配色方案，用户可以打开列表在不同的配色体系中进行选择，也可以使用搜索栏搜索其他配色方案。My Themes(我的主题)选项卡则是用来存储用户通过自己的配色方案。

**17.2.2 将配色颜色设置为前景色**

在 Create(创建)选项卡下，包括 Wheel(色轮)和 Sliders(滑块)两个选项，选择 Wheel(色轮)选项，在配色方案中选择其中一个颜色，单击  按钮可以将其设置为前景色，如图 17-21 所示。

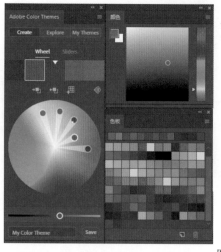 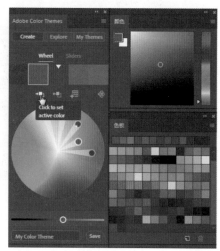

图 17-21

**17.2.3 修改配色方案中的主色**

在配色方案中，带有白色填充箭头的为配色方案中的主色，其他颜色根据与主色的关系产生，会随着主色的变化而变化。如果要设置配色方案中的其他颜色为主色，将光标移动到该颜色处，单击黑色描边的箭头，可将其修改为主色，如图 17-22 所示。

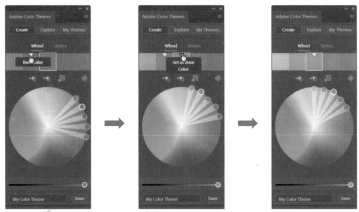

图 17-22

## 17.2.4 将颜色添加到配色方案

首先在配色方案中选择一种颜色，这个颜色可以是主色，也可以不是主色，然后在"色板"或"拾色器"面板中选择一种颜色，单击██按钮，则色板中的颜色会归入配色方案中的颜色，如图 17-23 所示。

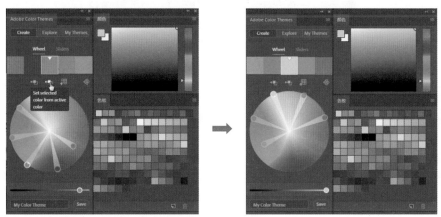

图 17-23

## 17.2.5 将配色方案添加到色板

调整好配色方案后，单击██按钮，即可将方案中的颜色添加到色板中，如图 17-24 所示。

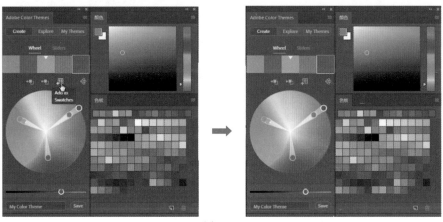

图 17-24

### 17.2.6  根据与主色的关系创建方案 ›

单击配色方案底部的■（配色方法）按钮，可打开配色方法列表，可以看到列表中有 7 种配色方法可供选择，分别是 Analogous( 相似色 )、Monochromatic( 单色 )、Triad( 三色组合 )、Complementary ( 互补色 )、Compound( 复合色 )、Shades( 色调 ) 和 Custom( 自定义 )。

除最后一项 Custom( 自定义 ) 外，选择其中任意一种颜色，拖动色轮中的圆点在色轮中移动位置，在修改主色的同时，其他颜色也会按规律发生相应的变化，如图 17-25 所示。

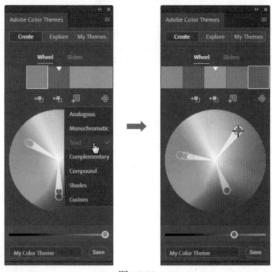

图 17-25

### 1. Analogous( 相似色 )

选择使用"相似色"的搭配方法，Adobe Color Themes 会以基色为基准，使用色轮中与基色相邻的颜色进行色彩搭配，相似色的色彩搭配通常很好调和，可以给人以协调、舒适的视觉感受，如图 17-26 所示。

| | |
|---|---|
| 配色 | #383bf5 |
| 配色 | #305dd2 |
| 基色 | #419ce9 |
| 配色 | #30b2d2 |
| 配色 | #38f5e7 |

图 17-26

### 2. Monochromatic( 单色 )

选择使用"单色"的搭配方法，Adobe Color Themes 会以基色为基准，使用该颜色的饱和度和亮度变化来创建色彩搭配方案。使用此颜色规则时，5 种颜色色度相同 ( 在色相环上看到的是同一角度 )，但饱和度和亮度值不同。单色在一起很协调，给人以视觉上的舒适和统一感，如图 17-27 所示。

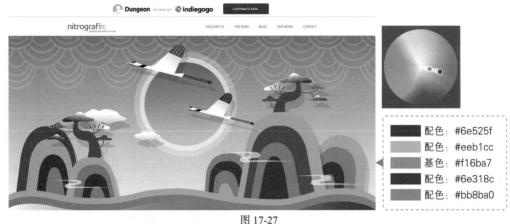

配色：#6e525f
配色：#eeb1cc
基色：#f16ba7
配色：#6e318c
配色：#bb8ba0

图 17-27

## 3. Triad( 三色组合 )

选择使用"三色组合"的搭配方法，Adobe Color Themes 会以基色为基准，使用均匀分布在色轮上的三个等距点颜色作为色彩搭配方案。使用此颜色规则时，会看到具有相同色度但距离色轮上第一个点的饱和度和亮度值不同的两个颜色、距离色轮上第二个点的两个颜色以及距离色轮上第三个点的一个颜色，如图 17-28 所示。

配色：#b2aa12
配色：#19bfff
基色：#fff100
配色：#cc183a
配色：#b2092c

图 17-28

"三色组合"中的三种颜色往往会形成 120° 的对比，虽然没有补色形成的对比强烈，但可以保留一些协调性。

## 4. Complementary( 互补色 )

选择使用"互补色"的搭配方法，Adobe Color Themes 会以基色为基准，使用基色的互补色来进行色彩搭配。使用此颜色规则时，会在色轮上看到具有与基色相同色调的两种颜色、基色本身和具有距离色轮上反向点相同色度的两种颜色。使用补色的色彩搭配，对比度是最为强烈的，在视觉上会给人以冲击感，吸引浏览者的注意，如图 17-29 所示。

## 5. Compound( 复合色 )

选择使用"复合色"的搭配方法，Adobe Color Themes 会以基色为基准，使用基色的互补色和相似色的混合色。使用此颜色规则时，你会看到具有接近基色相同色度的两种颜色、基色本身和基色的补色相反色，但彼此邻近的两种颜色、复合色颜色与补色颜色有一样强的视觉对比度，如图 17-30 所示。

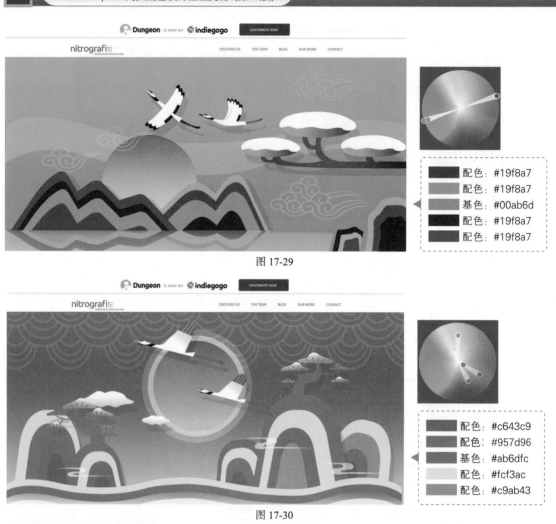

图 17-29

|  | 配色：#19f8a7 |
|  | 配色：#19f8a7 |
|  | 基色：#00ab6d |
|  | 配色：#19f8a7 |
|  | 配色：#19f8a7 |

图 17-30

|  | 配色：#c643c9 |
|  | 配色：#957d96 |
|  | 基色：#ab6dfc |
|  | 配色：#fcf3ac |
|  | 配色：#c9ab43 |

## 6. Shades( 色调 )

选择使用 "色调" 的搭配方法，Adobe Color Themes 会以基色为基准，使用具有与基色相同色相和饱和度，但明暗不同的 5 种颜色进行色彩搭配。使用此颜色规则时，在视觉上是最为舒适的，在风格和色调上给人以高度统一的视觉感受，如图 17–31 所示。

图 17-31

|  | 配色：#366e20 |
|  | 配色：#7cfa48 |
|  | 基色：#56ae32 |
|  | 配色：#5cbb36 |
|  | 配色：#49942b |

## 7. Custom( 自定义 )

列表中的最后一个选项为"自定义"选项，选择使用"自定义"的搭配方法，可以手动在调色板中选择色轮上的颜色，在移动其中一个颜色的操控圆点时，其他颜色不受任何颜色规则控制，如图 17-32 所示。

图 17-32

# 17.3 使用配色软件 ColorSchemer Studio

ColorSchemer Studio 的大小不到 3MB，配色功能却很强大，目前最新版本是 ColorSchemer Studio 2.1.0，已经非常成熟，在界面、配色、取色、预览、方案分享等方面都十分具有实用性，用户只要提供一种基色，就能按配色关系快速找到与该颜色相关的色彩。

## 17.3.1 ColorSchemer Studio 的安装与启动

ColorSchemer Studio 拥有汉化版，并且很容易就可以在网页上搜到下载地址，下载后双击 ColorSchemer Studio 2.1.0 汉化版 .exe 程序，进入安装界面，连续单击"下一步"按钮进行安装，如图 17-33 所示。到最后一步单击"完成"按钮完成安装，如图 17-34 所示。

图 17-33

图 17-34

安装完成后，双击启动 ColorSchemer Studio 2.1.0 汉化版，即可打开欢迎界面，该软件有 15 天的试用期，用户可以单击"试用 ColorSchemer Studio"进行试用，也可以单击"在线购买"获取许可证和密钥，然后单击"输入许可证密钥"进行使用，如图 17-35 所示。

图 17-35

## 17.3.2 界面及功能区域的划分

ColorSchemer Studio 2.1.0 总体上分为菜单栏、功能导航栏、颜色匹配区、颜色收藏夹和信息栏 5 个部分。几乎所有的操作命令，都可以在菜单栏中找到；颜色收藏夹可以用来收藏配色方案；信息栏会显示所选颜色的模式和参数值；颜色匹配区则是进行配色的地方，如图 17-36 所示。

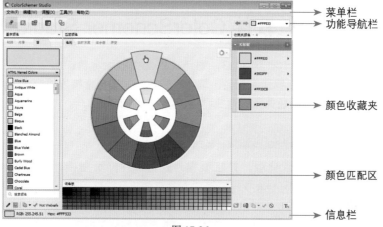

图 17-36

其中功能导航栏包括"匹配颜色""图库浏览器""图像方案""快速预览"和"始终在顶部"5 个功能选项，也是该软件功能的基本组成。例如单击功能导航栏上的"始终在顶部"按钮，当该按钮处于被按下的状态时，ColorSchemer Studio 2.1.0 的窗口会始终处于屏幕的上方，不会被其他软件的窗口所遮盖，如图 17-37 所示。

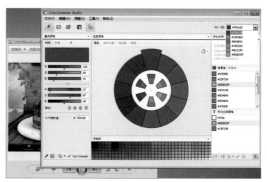

图 17-37

## 17.3.3　创建匹配颜色方案

"匹配颜色"选项卡中包含"基本颜色""匹配颜色"和"调色板"三个面板，用来进行颜色的选择、调整和匹配，如图 17-38 所示。

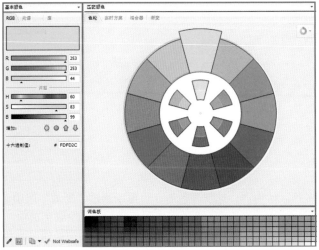

图 17-38

### 1. 设置三原色

单击"匹配颜色"面板右上角的小三角按钮，可以选择三原色的种类。一种是"红黄蓝"，一种是"红绿蓝"，通过选择不同的三原色可以看到，在不同的三原色的色轮上，互补色是不同的，如图 17-39 所示。

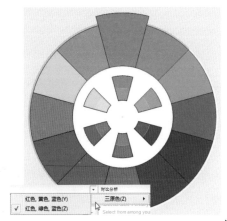
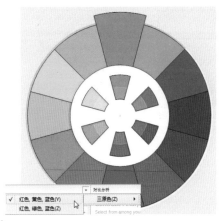

图 17-39

### 2. 基本颜色

"基本颜色"面板是用来选取基本颜色的，其中又包含 RGB、"光源"和"库"三个选项卡以及底部的一个小工具栏。RGB 选项卡中首先是一个颜色框，显示所选颜色的色相，然后是 RGB 模式的调整区域，可以通过在文本框中输出数值和移动滑块对颜色进行调整。

当然这里不仅有 RGB，默认状态下，还包括 HSB 模式和"十六进制值"，用户可以通过在"十六进制值"的文本框中输入参数来修改颜色，也可以对参数进行复制。另外单击"基本颜色"右上角的小三角按钮，依次选择"调整滑块" > HSL 命令，可以将 HSB 模式替换为 HSL 模式，如图 17-40 所示。

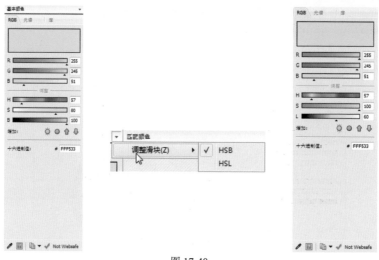

图 17-40

"光源"选项卡中包含拾色器，选取颜色后，也可以通过"光源"选项卡来调整颜色的明暗以选择其他色相，如图 17-41 所示。"库"选项卡中则有成千上万个颜色选项，打开 Crayon Colors 右侧向下的三角形按钮，可以选择另外两个颜色库，三个颜色库分别是蜡笔颜色、HTML 颜色和 Web 安全色，如图 17-42 所示。

单击"基本颜色"面板底部的吸管图标，可以通过在屏幕内任何位置单击来获取颜色。单击随机图标，可以随机获取一个颜色，如图 17-43 所示。

单击复制颜色图标，可以复制所选颜色的 RGB 或十六进制参数。单击转换网页安全色图标，可以将所选颜色转换成最接近的网页安全色，如图 17-44 所示。

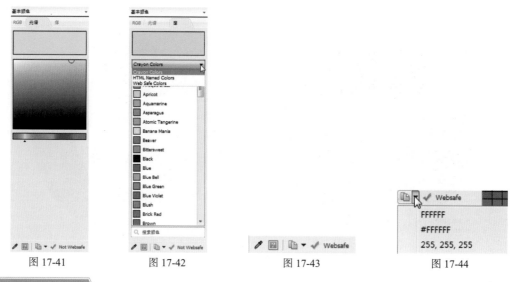

图 17-41          图 17-42                 图 17-43                 图 17-44

## 3. 匹配颜色

"匹配颜色"面板中包括"色轮""实时方案""混合器"和"渐变"4 个选项卡。

### 色轮

单击"色轮"选项卡，可以看到选项卡的中间以十二色相环组成的色轮。在色轮上任意一个颜色上单击，在弹出的菜单中选择"复制"命令，即可复制 RGB 或十六进制参数；选择"设为基本颜色"命令，即可将该颜色设置为基色，如图 17-45 所示。而所选基色是配色的基本依据。

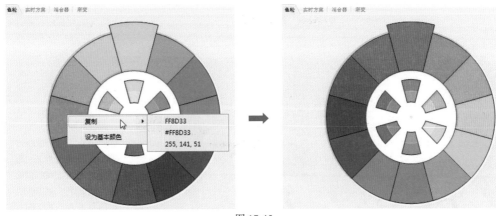

图 17-45

默认状态下，基色会处于色轮最上方并凸出显示，通过右侧的规则颜色按钮 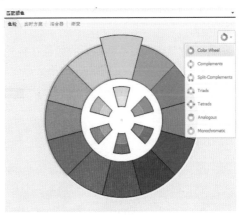 可以打开颜色规则列表，如图 17-46 所示。

列表中包含 Color Wheel( 十二色相 )、Complements( 补色 )、Split-Complements( 分割补色 )、Triads( 三色组 )、Tetrads( 四色组 )、Analogous( 类似色 ) 和 Monochromatic( 单色 )7 个选项。用户可以逐一单击查看各选项下配色与基色的关系。

例如当选择 Split-Complements( 分割补色 ) 选项时，色轮上会同时选中三种颜色，分别是基色和基色的补色的两个邻近色，如图 17-47 所示。

图 17-46

当选择 Tetrads( 四色组 ) 选项时，色轮上会同时选择 4 种颜色，这 4 种颜色分别是基色、与基色相距 90° 的颜色、基色的补色和与基色相距 90° 颜色的补色，这 4 种颜色在色轮上平均分布，中间都相距 90°，如图 17-48 所示。

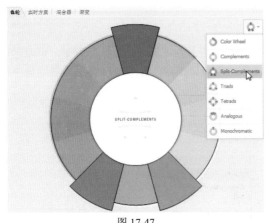

图 17-47

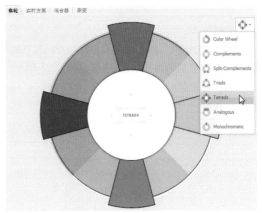

图 17-48

**分割补色**

选择使用 "分割补色" 的搭配方法，配色会降低补色的强烈感，减少视觉上的刺激，但依然显得色彩分明、鲜艳、华丽，如图 17-49 所示。

图 17-49

### 四色组

因为 4 种颜色中每两种相近的颜色在色轮上的角度都是大于 90°、小于 120° 的对比色，因此这种配色会给人色彩丰富的感觉，但不会产生过分的视觉刺激，如图 17-50 所示。

图 17-50

### 实时方案

"实时方案"选项卡的顶部有一个小工具栏，单击工具栏上的"新建方案"按钮，可以迅速清除色轮上的其他颜色，只保留基色，如图 17-51 所示。单击"保存"按钮，在弹出的对话框中输入名称，可保存配色方案，如图 17-52 所示。

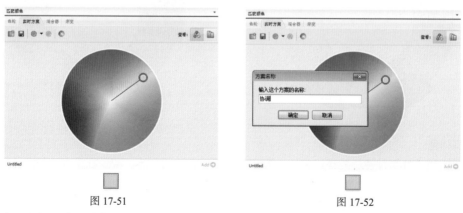

图 17-51　　　　　　　　　　　　图 17-52

单击"添加颜色"按钮，可以打开添加颜色列表，选择列表中的配色选项，即可将该选项的颜色添加到配色方案中，如图 17-53 所示。用户可以在色相环上看到方案中各颜色的位置，各颜色也会在下面以色块的方式排列，如图 17-54 所示。

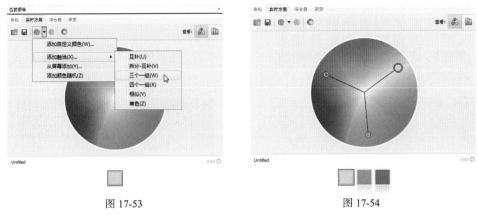

图 17-53                                         图 17-54

如果拖动色相盘中的基色控制点，则配色会根据当前所选的配色规则随基色的变化而发生变化；如果拖动色相盘中的配色控制点，则基色不会发生变化，在这个过程中实际上已经修改了配色规则，如图 17-55 所示。

在色相盘中，基色控制点的圆点比较大，配色控制点的圆点比较小。在色相盘中，选择其中一种颜色，单击"删除颜色"按钮，即可删除该颜色，如图 17-56 所示。

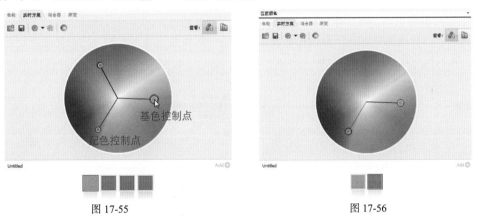

图 17-55                                         图 17-56

"实时方案"选项卡中的工具栏右侧有两种显示方式，默认显示 Scheme Builder（创建方案）面板，单击 Scheme Brower（浏览方案）按钮，则会以列表的方式显示配色方案。

用户可以单击 Del 按钮删除某个配色方案，也可以单击 Add 按钮将所选方案中的颜色添加到右侧的"颜色收藏夹"，如图 17-57 所示。

**混合器**

单击"混合器"选项卡，可以设置一种颜色到另一种颜色的过渡，选择第一种颜色块，在下面的"调色板"中选择一种颜色，或直接将颜色拖入该色块中，选择第二种颜色块，使用相同的方法选择颜色，则配色区会显示由第一种颜色到第二种颜色的过渡，可以打开"方向"列表，选择变化规则，也可以通过修改步数的数值来确定配色的数量，如图 17-58 和图 17-59 所示。

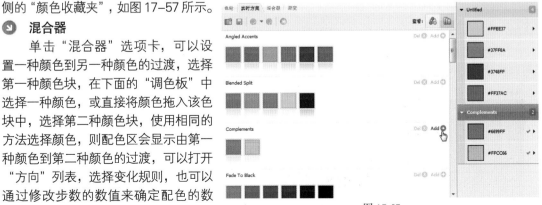

图 17-57

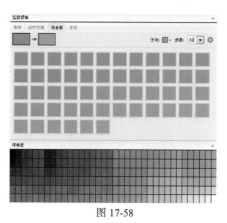
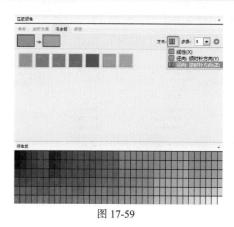

图 17-58                                       图 17-59

### 渐变

在"渐变"选项卡中，实际演示的是基色的变化。最中间、最大的颜色是基色，其他颜色都是基色的变化过程，如图 17-60 所示。

> **提示**
>
> "渐变"实际上是指一种颜色到另一种颜色的变化过程，这种过程可以在"混合器"中看到，这里被命名为"混合器"或许是翻译有所误差。

在下拉列表中可以选择变化方式，而"亮度"后面的数值，其实可以理解为程度，无论选择何种变化方式，当数值为 0 时，所有颜色都会变成基色；而当数值为 100 时，无论是亮度、色相还是饱和度，变化最为强烈，如图 17-61 所示。

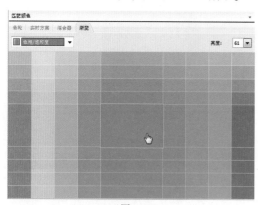
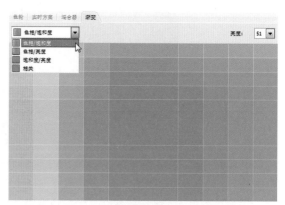

图 17-60                                       图 17-61

### 4. 调色板

"调色板"中默认为 216 种 Web 安全色，单击向下的小三角按钮，可以打开列表选择其他选项，还可以将自定义的调色板导入或载入，如图 17-62 所示。

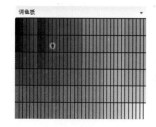
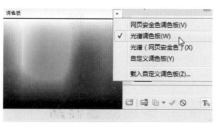

图 17-62

## 17.3.4　使用图库浏览器获取配色方案

单击功能导航栏中的"图库浏览器"按钮，可以链接到官网图库，里面有多达百万种现成的配色方案可供选择和收藏，也可以通过在搜索栏中输入名称进行搜索 ( 输入后按 Enter 键 )，然后将颜色方案添加到颜色收藏夹，如图 17-63 所示。

图 17-63

## 17.3.5　从图像获取配色方案

单击功能导航栏中的"图像方案"选项，单击"打开"按钮，打开一张图片，ColorSchemer Studio 会自动分析出图片中的主要颜色，如图 17-64 所示。

默认识别图片中的 5 种颜色，颜色数量最多可以设置成 10 种，单击"马赛克"按钮，图片会以色块的方式显示，单击"随机"按钮，可以随机在图片中吸取不同位置的颜色，如图 17-65 所示。

图 17-64

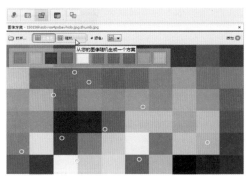

图 17-65

将光标移动到某个颜色上，会自动生成一条直线连接图像中的圆点以标注该颜色在图片中的位置，拖动颜色标志点，随着标志点的变化，代表着该点的颜色框也会发生变化，如图 17-66 所示。

图 17-66

## 17.3.6　使用颜色收藏夹进行快速预览

前面已经介绍过将颜色方案放到颜色收藏夹的方式，只需要在各选项卡面板中单击"添加"按钮 即可。颜色收藏夹包括"颜色"和"颜色组"，一个配色方案中至少有两种或两种以上的颜色才会被称为方案，因此单独的颜色在配色软件中并无意义。

如果要自定义配色方案，可以单击"收藏夹颜色"面板底部的"新建组"按钮，在文本框中输入名称，可为颜色组命名。将颜色匹配区中的颜色拖动到颜色收藏夹中，可添加单个的颜色，如图 17-67 所示。

图 17-67

单击"收藏夹颜色"面板底部的"重命名"按钮，在文本框中修改内容，可为颜色或颜色组重命名，如图 17-68 所示。单击"删除"按钮，可删除颜色或颜色组，如图 17-69 所示。

图 17-68　　　　　　　　　　　　图 17-69

单击收藏夹底部的 Contrast Analyzer 按钮，可以看到当配色方案中的颜色成为文字色或背景色时，文字与背景的配色效果如图 17-70 所示。当设置方案中的颜色为背景色时，会自动给出最佳的文字色；而当选择的颜色为文字色时，会自动给出最佳背景色，如图 17-71 所示。

图 17-70　　　　　　　　　　　　　　　　　　图 17-71

单击功能导航栏中的"快速预览"按钮，可以打开"快速预览"对话框。从右侧列表中可以选择常用的网页排版方式。然后从颜色收藏夹中拖动颜色到"快速预览"对话框中的文字或形状上，可以为形状和文字添加该颜色，如图 17-72 所示。

单击右上角的 Select Layout( 调整布局 ) 按钮，隐藏左侧模板列表。显示整个网页结构，拖动对话框的边线，可以调整和观看整版网页的布局和结构，如图 17-73 所示。单击"保存"按钮，可以将其保存为图片。

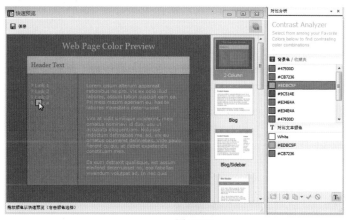

图 17-72　　　　　　　　　　　　　　　　　　图 17-73

## 17.3.7　导出与分享

ColorSchemer Studio 不仅可以保存为自己的格式，还能导出为各种格式的调色板，创建的配色方案可以在多种设计软件中使用。下面以最常见的 Photoshop 和 Illustrator 为例，讲述配色方案的导出和使用过程。

### 1. 导出为 Adobe Photoshop 调色板

执行"文件">"导出向导"命令，如图 17-74 所示。弹出"导出向导"对话框，在格式列表中选择"Adobe Photoshop 调色板"，单击 Next 按钮，如图 17-75 所示。输入颜色名称并选择存储路径，然后单击 Export 按钮，如图 17-76 所示。

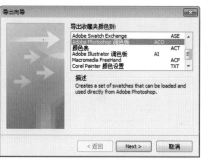

图 17-74　　　　　　　　　　图 17-75　　　　　　　　　　图 17-76

启动 Adobe Photoshop CC 2018，执行"窗口">"色板"命令，打开"色板"面板，单击右上角的打开菜单按钮，在弹出的菜单中选择"载入色板"命令，如图 17-77 所示。弹出"载入"对话框，找到存储位置，选择刚刚从 ColorSchemer Studio 导出的 .aco 格式的文件，单击"导入"按钮，如图 17-78 所示，导入的颜色将被添加到"色板"面板中，如图 17-79 所示。

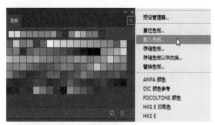
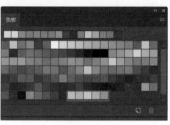

<table><tr><td>图 17-77</td><td>图 17-78</td><td>图 17-79</td></tr></table>

## 2. 导出为 Adobe Illustrator 调色板

　　使用与上一步相同的方法打开"导出向导"对话框，设置文件名和存储位置，在格式列表中选择"Adobe Illustrator 调色板"，如图 17-80 所示，单击 Export 按钮，如图 17-81 所示。

<table><tr><td>图 17-80</td><td>图 17-81</td></tr></table>

　　启动 Adobe Illustrator CC 2018，执行"窗口">"色板"命令，打开"色板"面板，单击打开菜单按钮，在弹出的菜单中选择"打开色板库">"其它库"命令，如图 17-82 所示。打开刚才从 ColorSchemer Studio 导出的 AI 文件，如图 17-83 所示，即可打开以文件名称命名的色板，如图 17-84 所示。

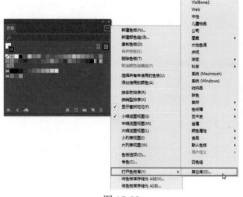

<table><tr><td>图 17-82</td><td>图 17-83</td><td>图 17-84</td></tr></table>